钻石 鉴定与分级

申柯娅 王昶 编著

化学工业出版社

·北京·

U0216474

本书系统阐述了钻石的基本性质、鉴定特征，钻石"4C"评价的原则和标准，具体进行钻石"4C"分级的工作方法和技术要求，介绍了优化处理钻石及合成钻石的鉴别，钻石与其仿制品的鉴别，钻石贸易和钻石市场，钻石分级证书的内容和格式等。

本书内容丰富，资料翔实，图文并茂，条理清晰，可作为大专院校珠宝首饰类专业或职业技术培训的教学参考书，也可作为钻石加工、鉴定、分级、商贸等钻石从业人员的参考书，也适合广大的钻石首饰消费者收藏阅读。

图书在版编目（CIP）数据

钻石鉴定与分级 / 申柯娅，王昶编著． —北京：化学工业出版社，2015.2 （2023.6重印）

ISBN 978-7-122-22390-6

Ⅰ．①钻…　Ⅱ．①申…②王…　Ⅲ．①钻石-鉴定-手册②钻石-检验-手册　Ⅳ．①TS933.21-62

中国版本图书馆CIP数据核字（2014）第274561号

责任编辑：邢　涛	文字编辑：林　丹
责任校对：宋　玮	装帧设计：韩　飞

出版发行：化学工业出版社（北京市东城区青年湖南街13号　邮政编码100011）
印　　装：北京宝隆世纪印刷有限公司
710mm×1000mm　1/16　印张12¼　字数255千字　2023年6月北京第1版第7次印刷

购书咨询：010-64518888　　　　　　　　售后服务：010-64518899
网　　址：http://www.cip.com.cn
凡购买本书，如有缺损质量问题，本社销售中心负责调换。

定　　价：58.00元

钻石是大自然馈赠给人类的瑰宝，形成于几千万年乃至数十亿年前，但人们发现和认识钻石，却只有短短几百年的历史，人类对钻石的认识、开发、研究、利用，是随着科学技术的发展而不断进步的。钻石的许多物理、化学特性，几近完美，它晶莹剔透、纯洁无瑕，光芒璀璨，熠熠生辉，明艳动人，坚不可摧，具有"宝石之王"的美誉。自古以来，历代统治者把它视作财富、权力和地位的象征。如今，钻石不再神秘莫测，更不是只有王室贵族才能享用的珍品，它已经走进寻常百姓之家。

随着中国经济的不断发展，1993年，戴比尔斯公司的"钻石恒久远，一颗永流传"的钻石广告进入中国，伴随中国人收入的增长，钻石首饰已经成为中国消费者中，首选的珠宝首饰。今天，人们更多地把它看成是爱情和忠贞的象征，用作结婚纪念的钻石首饰，象征着爱情的纯洁无瑕和地久天长。围绕着钻石恒久不变的情感价值，钻石首饰主要突现钻石的尊贵品质、梦幻般浪漫的生活情调、风情万种的优雅气质、精致温馨的居家氛围，以及历久弥新的经典爱情。

目前，钻石贸易约占珠宝首饰贸易的80%以上，国内钻石消费市场持续增长，也吸引着越来越多的人投资和收藏，中国已成为世界钻石消费的大国。随着社会需求的不断提升，钻石资源稀缺性越来越受到世人重视，钻石的价格也在世界范围内不断攀升。钻石的优劣，依据"4C"

标准进行分级，钻石的分级在钻石贸易中具有重要的意义。近些年来，国内外有关合成钻石、钻石的优化处理、钻石的仿制品、钻石的鉴定检测方面的科学研究，也取得了丰硕的成果。伴随着钻石行业的发展，我国也制定、颁布了以"4C"分级标准为基础的《钻石分级》国家标准，并予以贯彻实施，对我国钻石行业的发展起到了良好的推动和促进作用。但由于我国的钻石行业起步较晚，与发达国家相比，从业人员的素质，钻石知识的普及程度，仍存在着一定的差距。广大的钻石消费者，渴望了解更多的钻石知识。这也是我们撰写本书的初衷，希望本书的出版，能为钻石行业从业人员，提供较为全面的钻石专业知识，为广大消费者认识和了解钻石，理解和掌握相应的钻石知识，起到一定的促进作用。

　　本书由广州番禺职业技术学院珠宝学院王昶、申柯娅共同完成，其中第二、三、四、五、六章由申柯娅编写，第一、七、八、九、十章由王昶编写，并由王昶负责统稿、审订并付梓。在编写过程中，我们始终得到了许多从事珠宝首饰专业教育的师长和业界朋友的大力支持和帮助。特别感谢原香港金银首饰工商总会会长、广州番禺云光首饰有限公司董事长、广州番禺职业技术学院名誉教授黄云光先生，给予笔者许多有益的帮助和指导，使笔者受益匪浅。此外，还要向一直给予笔者鼓励、支持和帮助的广州番禺职业技术学院珠宝学院副院长袁军平教授级高级工程师，以及广州番禺职业技术学院珠宝学院的全体老师表示衷心的感谢。

　　由于笔者水平有限，书中的谬误和疏漏之处一定在所难免，诚恳期盼广大读者，对书中存在的不足予以批评，并提出宝贵意见，在此表示衷心感谢。

王　昶

2014年9月

Contents

目 录

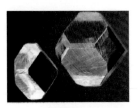

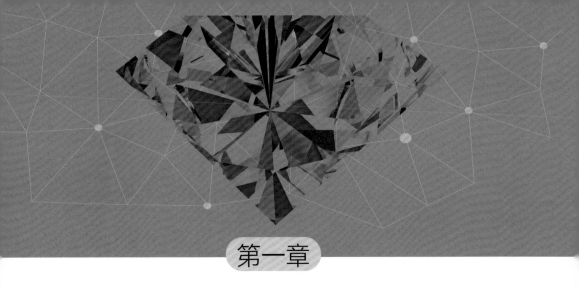

第一章

钻石的基本性质和鉴定特征

钻石的矿物名称是金刚石，钻石是指经过琢磨的金刚石。金刚石是一种天然矿物，是钻石的原石，是在地球深部约2000℃的高温、5万个大气压的高压条件下，形成的一种由碳元素组成的单元素矿物晶体。

第一节 钻石的基本特征

一、钻石的化学成分和钻石的分类

钻石主要由碳（C）元素组成，常含有各种杂质和包裹体，其中氮（N）和硼（B）是最重要的杂质元素，它们的含量和存在形式会直接影响钻石的光学、电性和热学等物理性质。

钻石中最常见的微量杂质元素是N，N以类质同象形式替代C而进入钻石晶格，其含量可在很宽的范围内变动，并可在钻石的结构中形成各种缺陷中心和色心，使钻石带有深浅不同的黄色调。其次是B，也是以类质同象形式替代C而进入钻石晶格，B元素的存在使钻石呈现蓝色，并具有半导体性能。所以，N和B原子的含量和存在形式，成为钻石分类的基本依据。

根据钻石内含N和不含N，将钻石分为Ⅰ型钻石和Ⅱ型钻石。再根据N原子在晶格中，存在的不同形式及特征，进一步分为I_a型和I_b型；根据不含B或含B，将钻石分为II_a型和II_b型。钻石类型划分及特征见表1-1。

表1-1 钻石类型划分及特征

性质 \\ 类型	I 型钻石		II 型钻石	
	I$_a$ 型钻石	I$_b$ 型钻石	II$_a$ 型钻石	II$_b$ 型钻石
氮元素特征	含N较多，N在晶体中呈聚合的小片状存在，含量0.1%～0.3%	N在晶格中呈单独的分散状存在，含量＜0.1%	不含N或忽略不计，C原子因位置错移造成缺陷	不含N或N极少，含少量B元素
颜色特征	无色–深黄色（一般天然黄色钻石均属此类型）	无色–黄色、棕色（所有合成钻石及少量天然钻石）	无色–棕色、粉红色（极稀少）	绝大多数呈蓝色（极稀少），部分呈灰色
荧光性	紫外灯下常有蓝色荧光，有时有绿、黄、红等色荧光，也可以没有荧光	同 I$_a$ 型	大多数没有荧光	同 II$_a$ 型
磷光性			紫外灯下无磷光	紫外灯下有磷光
导电性	不导电	不导电	不导电	半导体
其他	占天然钻石产量的98%	绝大多数为合成钻石，天然钻石中极少	数量极少，但巨大的钻石都是这种类型	罕见，常为蓝色
辐照处理	形成蓝色–绿色	形成蓝色–绿色	形成蓝色–绿色	形成蓝色–绿色

I$_a$ 型钻石：氮（N）原子以原子对或N$_3$中心的形式出现，N$_3$中心越多，钻石越黄。98%的天然钻石，属于此类型。氮含量高达0.2%，氮呈极细小片状存在钻石中，降低了钻石导电、导热等性能，但增加钻石的机械强度。

I$_b$ 型钻石：含氮量较低，且主要以分散的顺磁性氮形式（单原子形式）存在于钻石中。在自然界中天然的I$_b$ 型钻石极少（＜0.1%）。这种钻石的颜色为黄、黄绿和褐色。大多数合成钻石属于此类。

II$_a$ 型钻石：在自然界中少见，而且其形态为不规则。不含氮或含非常少的氮（＜0.001%），氮以自由状态存在，使此类钻石在所有的钻石中，具有最好的导热性，在室温下至少是铜的5倍，是电子工业中极好的散热材料。数量上，比II$_b$型钻石多。

II$_b$ 型钻石：在自然界中十分罕见，所有的天然蓝色钻石属于此类。含有少量的硼，为半导体，是天然钻石中唯一能导电的。它的电阻对温度变化敏感，随温度的升高而迅速降低，可作为热敏电阻来测量温度。包括所有天然的蓝色钻石。

I$_a$ 型钻石内N呈有规律的聚合状态，I$_b$ 型钻石内N以孤立的原子状态存在于晶格中，在一定的温度、压力及长时间的作用下，I$_b$ 型钻石可以转化为I$_a$ 型。

I$_a$ 型钻石在1000℃＜T＜1400℃的上地幔中，可保存较长时间，而在相同条件下，I$_b$ 型钻石保留时间不超过50年，即将发生向I$_a$ 型转化的过程。因此，天然钻石以I$_a$ 型为主，而合成钻石以I$_b$ 型为主。

二、钻石的晶体结构

钻石属等轴晶系，具有立方面心晶胞，C原子位于立方体晶胞的角顶及面心，每一个C原子周围有四个C原子围绕，形成四面体配位，整个结构可视为以角顶相连接的四面体组合。C原子间以共价键联结十分牢固，导致钻石具有高硬度、高熔点、高绝缘性和强化学稳定性，以及耐强酸、强碱腐蚀等特性。钻石的晶体结构见图1-1。

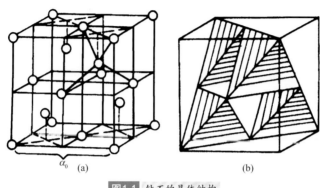

a_0 (a)   (b)

图1-1 钻石的晶体结构

三、钻石的晶体形态

1. 钻石的晶体形态

钻石常见的晶体形态为八面体（图1-2），其次为菱形十二面体（图1-3）及它们的聚形，少数为立方体（图1-4）以及立方体与八面体、菱形十二面体组成的复杂聚形（图1-5）。有些黑色的钻石，为多晶集合体。

图1-2 钻石的八面体晶体

图1-3 钻石的菱形十二面体晶体

图1-4 钻石的立方体晶体

图1-5 钻石的复杂聚形晶体

2. 钻石的双晶

钻石双晶是指两个或两个以上的钻石晶体，按照一定的对称规律形成的规则连生体。相邻两个个体的面、棱、角并非完全平行，但可以借助反映、旋转或反伸，使两个个体彼此重合或平行。钻石可形成接触双晶、穿插双晶及三角薄片双晶等（图1-6）。

钻石的晶体还可以彼此平行地连生在一起，晶体相对应的晶面和晶棱都相互平行（图1-7）。

图1-6 钻石的双晶

图1-7 钻石晶体的平行连生

四、钻石的生长特征

钻石晶体在实际生长过程中，会不同程度地受到复杂的外界条件的影响，而不能严格地按理想晶型发育。自然界产出的钻石的晶体，很少有完美的理想晶体，常出现歪晶，晶棱晶面常弯曲成浑圆状；同时晶体在其生长过程中，也会留下一些生长痕迹，如生长线、生长脊等。

1. 生长线

钻石的晶面和内部，见到的一系列平行或交叉的与结构有关的条纹或线状生长现象，称为生长线（图1-8、图1-9）。

图1-8 钻石晶体表面的生长纹

图1-9 钻石的八面体晶型及三角形生长锥

2. 生长脊

钻石的菱形十二面体的晶面上，沿菱形晶面较短对角线方向，发育的脊状隆起线称为生长脊（图1-10）。

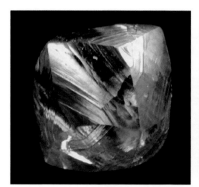

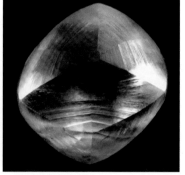

图1-10 钻石菱形十二面体晶体表面的生长脊

3. 凹蚀坑

晶体在形成之后，由于溶蚀作用，可能受到溶蚀和破坏，使钻石晶面、晶棱弯曲，晶形常呈浑圆状，在晶面形成三角形、四边形、网格状、锥形等蚀像。不同晶体的晶面上蚀像不同，八面体晶面上常见的是三角形凹坑，大小不一（图1-11）；立方体晶面上为四边形凹坑，若四边形凹坑发育则形成网格状花纹。

图1-11 钻石八面体晶面上的溶蚀凹坑

4. 生长台阶

钻石的晶面上常具有一系列平行的堆叠状生长层。生长层厚度差别很大，厚薄不一（图1-12）。

图1-12 钻石八面体晶面上的台阶状生长纹

5. 双晶标志

钻石的双晶通常具有凹角，双晶的结合面在晶体表面常常表现为"缝合线"。例如，钻石三角薄片双晶，在结合面的位置具有凹角和直的"缝合线"，且常形成具有对称特点的"鱼骨刺状"生长纹，又称为"结节"（图1-13）。

图1-13 钻石"鱼骨刺状"双晶纹

第二节 钻石的物理、化学性质和内含物特征

一、钻石的光学性质

1. 颜色

根据钻石颜色的特点，将钻石总体上分为两大类：无色系列和彩色系列。

无色系列又称开普系列，包括无色至浅黄、浅褐、浅灰色等色调的钻石。其中，最普遍的是带黄色调的钻石，主要是由于其中含微量的N元素致色，自然界产出的绝大多数钻石属此系列（图1-14）。

彩色系列包括黄色、金黄色、褐色、红色、粉红色、紫红色、蓝色、绿色等色（图1-15～图1-18）。大多数彩钻颜色发暗，强-中等饱和度的颜色艳丽的彩钻极为罕见。彩色钻石是由于少量杂质N、B和H原子进入钻石的晶体结构之中，形成各种色心；或者是由于钻石在高温和非常高的压力条件下形成时，晶体产生塑性变形使内部结构产生位错、缺陷，吸收某些波长的可见光，而使钻石带色。还有一种情况是，在钻石形成之后，在漫长的地质年代中，由于周围环境中的放射性元素的辐射，使钻石的晶体结构产生损伤，也会使钻石产生颜色。所以，可能使钻石产生颜色的原因很多。

图1-14 无色钻石

图1-15 浅黄色钻石

图1-16 金黄色钻石（金星钻石重101.28ct的天然彩艳黄色枕形钻石）

图1-17 褐红色钻石

图1-18 蓝色钻石

（1）无色系列和黄色钻石　纯净无结构缺陷的钻石是无色的，但非常少见。N作为C的类质同象替代元素，常常存在于钻石的晶体结构中，使钻石呈现黄色，N元素含量越高，钻石的黄色越深。

（2）蓝色钻石　微量的B元素代替钻石中的C使钻石呈现蓝色。据资料记载，澳大利亚阿盖尔曾发现不含B的蓝色钻石，其成因是含有H元素。

（3）粉红色、褐红色钻石　颜色成因主要是钻石晶体的塑性变形。

（4）绿色钻石　颜色成因是受到放射性元素的辐射。

2. 折射率和光泽

钻石具有高的折射率，在透明宝石中是最高的，为2.417。钻石属于等轴晶系，为均质体，但由于内部应力的作用，使钻石常具有异常双折射现象。

钻石具有很强的反光能力，显示典型的金刚光泽。

3. 色散

当白光进入钻石并在钻石内部传播时，由于不同波长的光在钻石中的折射率不同，白光就会折射成在微小角度范围内依次散布的红橙黄绿青蓝紫七色光，这种现象称为钻石的色散（图1-19）。钻石的色散值通常以B线（686.7nm）和G线（430.8nm）在钻石中的折射率的差值表示。钻石具有高的色散值0.044，使经过琢磨抛光后的钻石表面，呈现出五颜六色的晶莹似火的光学效应，俗称"火彩"（图1-20）。

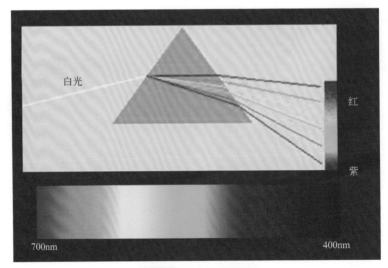

图1-19 宝石的色散原理

图1-20 钻石的火彩

4. 发光性

钻石在外加能量激发下，发出可见光的现象称钻石的发光性。在紫外光照射下，不同的钻石，其发光的强度和颜色往往是不一样的；有些钻石是惰性的（即不发光），有些钻石却可以发出深浅不一的蓝色、蓝白色、黄色、黄绿色、橙黄色、橙红色、粉红色的荧光，有些钻石还可发磷光。Ⅰ型钻石以蓝白色-浅蓝色荧光为主，Ⅱ型钻石以黄色、黄绿色荧光为主。钻石的紫外荧光现象，可以用来快速鉴定群镶钻石和仿钻首饰。

在X射线和高能电子束的激发下，几乎所有的钻石都可以发出蓝白色荧光。根据这一特性，X射线通常被广泛应用于钻石的选矿。钻石在阴极射线下的发光现象，可用来鉴别钻石是天然的还是合成的。

5. 吸收光谱

无色-浅黄色系列的钻石，在紫区415.5nm处有一吸收谱线。褐色系列钻石，在绿区504nm处有一吸收谱线。有的钻石可能同时具有415.5nm和504nm处的两条吸收线。

二、钻石的力学性质

1. 钻石的硬度

钻石是自然界中最硬的物质，摩氏硬度（H）为10，具有极强的抵抗外来刻划、压入和研磨等机械作用力的能力。摩氏硬度表示的是宝石的相对硬度，钻石的绝对硬度远远大于摩氏硬度计中的其他矿物，大约是摩氏硬度为9的刚玉的140倍，摩氏硬度为7的石英的1000倍。钻石硬度还具有异向性和对称性（图1-21）。

同一晶体不同晶面的硬度不同，$H_{八面体} > H_{立方体} > H_{菱形十二面体}$；不同方向硬度不同，立方体面上，平行于晶棱的四个方向硬度较小，沿立方体晶面对角线的四个方向硬度较大；菱形十二面体面上，沿菱形晶面较短对角线的两个方向硬度较小，沿长对角线的两个方向硬度较大；八面体晶面上，沿垂直晶棱的三个方向硬度较小，平行晶棱的三个方向硬度较大。无色透明钻石的硬度，比彩色钻石的硬度略高。对钻石进行加工切磨，正是利用了钻石的硬度异向性这一特性，使得钻石可以切磨钻石。

硬度是防磨损的指标，愈硬的宝石，表面愈不易磨损，切磨后的效果也愈佳。

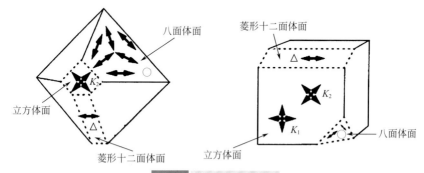

图1-21 钻石硬度的异向性

△最软的方向：横穿菱形十二面体面；K_1软的方向：立方体面上与轴平行的方向；
○硬的方向：八面体面上的所有方向；K_2最硬的方向：立方体面上的对角方向

2. 钻石的解理

钻石受到外力敲击时，往往沿八面体方向裂开，形成四组中等的解理（图1-22）。成

品钻石腰棱部位出现的"胡须"状现象和小的"V"形缺口，主要就是钻石的解理所致；加工时劈开钻石，也是利用了钻石的这一特性。

钻石虽然是人类所发现的自然界最硬的物质，但它很脆，即怕重击，重击后容易产生裂纹甚至破碎。

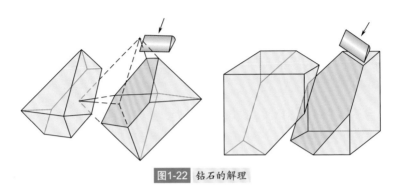

图1-22 钻石的解理

三、钻石的相对密度

钻石的相对密度属于中等，为3.52，由于成分单一，所以相对密度比较稳定。透明钻石的相对密度较稳定，而彩钻的相对密度偏高，含有较多杂质和包裹体的钻石相对密度略有变化。

四、钻石的热学、电学、磁性性质

钻石的热导率是所有宝石中最高的，所以钻石具有良好的导热性。在室温条件下，钻石的传热能力甚至比金属还高，远远高出其他的宝石，即它的传热非常快，触摸它时感觉冰冷。根据钻石具有很好的导热性这一特点研制的钻石热导仪，是人们有效快捷地鉴别钻石及其仿制品的非常重要的鉴定仪器。

I_a、I_b、II_a型钻石是绝缘体，电阻率通常大于$10^{18}\Omega \cdot m$，II_b型钻石是半导体，电阻率通常小于$10^3 \sim 10^5\Omega \cdot m$，辐照致色的蓝色钻石不是$II_b$型，故可以通过测电阻率的方法进行鉴别。

钻石越纯净，晶格越完美，其电绝缘性能就越好。若钻石被X射线或γ射线辐射，其结构将被破坏，并产生一些自由电子，使钻石的导电性变好。

钻石为非磁性矿物，但一些钻石因含有磁性矿物包裹体（如磁铁矿和钛铁矿等）而具有磁性。

五、钻石的化学性质

钻石具有很好的化学稳定性，耐酸耐碱，即使在高温条件下，与浓的硝酸、硫酸、盐酸、氢氟酸和王水等侵蚀性溶液，也不发生反应；在高温条件下，只有在熔融的硝酸钠、硝酸钾和碳酸钠中，或与重铬酸钾和硫酸的混合物一起煮沸时，钻石才发生溶解，晶体表面将被腐蚀，而出现蚀像凹坑。

钻石在真空中加热1800℃后迅速冷却，钻石安然无恙；当温度高于1800℃，钻石将变为石墨。若钻石在空气中加热至650℃时，就开始燃烧并转变为二氧化碳气体；激光打孔和切割均是利用这一原理，在很小的区域内集中热量，使钻石在有氧的空气中燃烧。

钻石表面具有很好的亲油疏水性，即容易黏附油，不易被水浸湿。在筛选矿石时，就是利用钻石亲和某些油溶混合液的性质，从精矿中进行钻石回收。

六、钻石的内含物特征

钻石中常见的固态内含物（包裹体）有：金刚石（图1-23）、镁铝榴石（图1-24）、铬透辉石（图1-25）、橄榄石、石墨、铬尖晶石、绿泥石、黑云母、磁铁矿和钛铁矿等。在显微镜下观察，还可看到钻石的生长纹、解理等内含物特征。这些特征也是鉴定钻石的重要依据之一。

图1-23 钻石中的金刚石包裹体

图1-24 钻石中的镁铝榴石包裹体

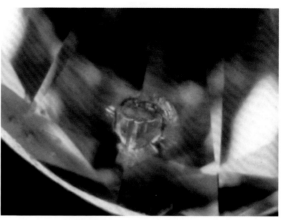

图1-25 钻石中的铬透辉石包裹体

第二章

钻石的4C分级概述

钻石的"4C"分级，就是对钻石的品质，从克拉重量（Carat Weight）、净度（Clarity）、颜色（Colour）和切工（Cut）四个方面，进行优劣的评价，英文单词的首字母均为"C"，所以简称为钻石的"4C"分级。

第一节 钻石分级的由来

人类对钻石的认识和利用有着悠久的历史，在距今2000多年前，印度人就把钻石看作贵重的宝石了。由于钻石难以加工，在钻石的切磨技术尚未成熟、完善之前，钻石的品质是根据其晶体的完美程度、晶面的光亮度和钻石的重量来确定的，颜色和净度不影响价格。

16世纪以前，印度是世界上钻石的唯一出产地。1724年，随着巴西钻石的发现，巴西逐渐取代了印度成为世界钻石的主要出产国。巴西出产的钻石资源，在其后的100多年内，一直是世界钻石的主要来源。随着钻石供给的不断增多，人们对钻石品质的观念，也在悄然地发生着重大的转变，切磨质量逐渐地取代了晶体形态。

1867年，南非发现钻石之后，大量的钻石资源被开采，钻石的产量日趋增多。伴随着钻石的大量利用和钻石切磨技术的发展，钻石的加工质量越来越受到人们的重视。与此同时，钻石的颜色和净度，也开始受到人们更多的关注，逐渐成为钻石品质评价的重要因素。

19世纪中叶，人们用Golcondo、Bagagem、Canavievas、Diamatinas和Bahias等钻石矿山的名称，来描述钻石的颜色。其中，Golcondo是古代印度重要的钻石矿山产地，其余是巴西钻石矿山的名称。Golcondo代表颜色最好的钻石，其后依次为Bagagem、Canavieras、Diamantinas和Bahias。

随着钻石业的不断发展，促使钻石品质的评价更趋严格，评价钻石品级的用语也发生了变化，形成了称为"旧术语"的颜色分级用语，即描述钻石颜色等级的术语，基本上演变成南非钻石矿山的名称，并按颜色的优劣分成Jager、River、Top Wesselton、Wesselton、Crystal和Cape等。与此同时，钻石净度、切工的概念也得到了发展。

旧的颜色分级规则，是欧洲国家的钻石颜色分级规则的原型，现行的一些标准，例如国际金银珠宝首饰联盟（CIBJO）制定的标准和国际钻石委员会（IDC）制定的标准等，都是在这一基础上，经过改进而逐渐发展起来的，见表2-1。

表2-1 旧的颜色分级术语及其意义

旧色级术语	含 义	备 注
Jager	优等的蓝白色	因南非Jagersfontein钻石矿山得名，用来指带有蓝色调的白色钻石。代表当时最好的颜色色级
River	蓝白色	砂矿床中产出的钻石，带色调的相对稀少，用于表示无色的钻石，质量往往较好
Top Wesselton Wesselton	上白色 白色	Wesselton南非的钻石矿山名称，指略带黄色调的钻石。该矿山的钻石比周围矿山产的质量更好
Top Crystal Crystal	很淡的黄白色 淡黄白色	Crystal由英国产的Crystal Glass（水晶玻璃）演变而来。因为当时生产这种玻璃所用的工艺，使水晶玻璃总带有一定的黄色调。指带有很浅黄色调的白色钻石
Top Cape Cape	微黄白色 浅黄白色	Cape是Cape of Good Hope的简称，南非的地名，该地产的钻石比印度、巴西的钻石更黄。用来指带有明显黄色调的钻石
Light Yellow Yellow	浅黄色 黄色	

表2-1中用于描述钻石颜色的术语虽然与钻石产地有关，但是作为专门描述钻石颜色的术语，已不含产地的意义了。

20世纪30年代，美国宝石学院（GIA）提出了现代钻石分级的4C概念，即从颜色（Colour）、净度（Clarity）、切工（Cut）及克拉重量（Carat weight）四个方面，对钻石的品质进行等级划分，简称"4C"分级。

现代的钻石分级术语一经提出，迅速地取代了原有的"旧术语"。色级、净度、切工和克拉重量，成为国际通行的概念，适应了钻石生产和商贸的国际化的发展。随着钻石贸易的不断发展，"4C"分级标准也进一步修改完善，至50年代形成了系统的理论和方法，提出了一套科学的、完善的现代钻石"4C"分级标准。在此基础上，1963年，德国对钻石"4C"分级术语作了定义。1969年，欧洲斯堪的纳维亚钻石委员会（Scan. D. N）的钻石"4C"分级标准，促进了欧洲各国钻石分级标准的建立和改进；1970年，德国对

钻石"4C"分级标准，补充了切工分级的部分内容；1974年，国际金银珠宝首饰联盟（CIBJO）完善了钻石"4C"分级标准。在我国，从20世纪80年代以来，钻石"4C"分级逐渐为人们所了解。

钻石"4C"分级标准，是随着世界钻石贸易的不断发展，逐渐形成和不断完善的，它确保了钻石市场健康、稳健地持续发展。同时，也极大地促进了钻石贸易的繁荣和国际化进程。

第二节 钻石分级的意义

钻石的"4C"分级标准，是对钻石品质的综合概括和全面评价。重量的大小，即意味着尺寸的大小。只有具有相当尺寸的钻石，才能展现出钻石特殊美丽的亮光和火彩。尺寸小的钻石，无法表现足够好的明亮度，通常采用群镶工艺，以体现其集合效果。一般重量在0.3ct以上的钻石，才能够较好地呈现出钻石的明亮度，重量在0.7ct以上的钻石，才能很好地呈现出钻石的火彩。所以，钻石的重量是钻石展示美丽光学效果的基础。另一方面，自然界产出的大钻石远比小钻石少得多，因而钻石颗粒的大小，还意味着其珍稀程度的差异。自然界出产的大颗粒钻石是非常少见的，目前已知世界上出产的最大颗粒的钻石，名为库里南（Cullinan）钻石，其原石重3106ct。所以，重量既是展现美质的基础，又是钻石珍贵稀有程度的重要标志。在钻石贸易中，衡量钻石重量的单位是克拉（ct），1ct等于0.2g。可以说钻石是体积最小、价值最高的商品。钻石越大越是珍贵稀有，价值也就越高。

净度及其等级，用来描述钻石内部及外部所具有的瑕疵程度。对净度等级高的钻石，例如VS以上的钻石，所含有的微小的内含物或表面上极小的瑕疵，并不影响钻石的美观和耐久性。净度等级低的钻石，瑕疵会影响到钻石的美观和耐久性。净度等级越高，钻石越稀少。所以，钻石净度等级的高低，不仅是对钻石美观程度的评价，而且也包含有稀有程度比较的意义。钻石"4C"分级的对象，一般是带有黄色、褐色和灰色等色调的无色系列钻石。其中，好的颜色是指无色，即不带任何色调的无色透明的钻石。如果钻石的颜色非常浓郁鲜明，便成为惹人喜爱的彩色钻石。自然界产出的彩色钻石，比无色钻石更稀有。彩色钻石的颜色，既具有美丽的意义，又具有稀有性的意义。彩色系列钻石的评价，采用的是另外一套特殊的方法，彩色钻石的价值主要由颜色的种类、颜色的色调、明度和饱和度决定。

钻石的切工评价，是对成品钻石的切工特点和切工品质的综合概括，也是对钻石切磨工艺水平的最终检验。重量、净度和颜色三个评价要素，是由钻石的天然属性决定的，

而切工评价更大程度上是对钻石的切磨工艺和最终效果的评判。在切磨之前，首先必须仔细研究钻石原石的品质，在综合考虑了各种因素的基础上进行设计，以便切磨后最大限度地体现成品钻石的最终价值。钻石的切磨质量，与切磨师的切磨工艺水平密切相关，切磨质量的优劣，直接影响到钻石的美观度，并最终影响到钻石的价值。切工评价涉及钻石的琢型、刻面的分布、刻面大小及相对比例、角度、对称性、抛光程度等诸多因素，是钻石"4C"分级中最为繁杂的，也是迄今所有的钻石分级标准中，相对分歧最多的部分。

钻石"4C"分级的概念，已广为珠宝首饰业界所认同和接受，并且形成了以"4C"分级标准评价钻石品质的实用技术，基本上一致的分级标准和较为统一的品质术语使得每一张钻石的"4C"分级证书，在世界各地都可以为专业人员所认识。权威机构出具的钻石"4C"分级证书，被世界各国的珠宝首饰业界所认同。"4C"分级的普遍性，使证书成为钻石商贸的重要工具。

钻石的评价体系和分级标准，是随着钻石贸易的发展逐渐产生、发展并不断完善的，大大地促进了钻石贸易的规范化、国际化。它的意义不仅在于能够增强大众购买者的信心，更主要的是可以保证交易过程中，钻石品质和钻石价值不会相背离，有利于钻石市场平稳、有序地持续发展。近百年来，全球钻石贸易市场不断稳定发展的过程，其中钻石分级标准的推广和应用，起到了相当重要的作用。

第三节 国际上较有影响的钻石分级标准和机构

美国宝石学院（GIA），是世界上第一个提出钻石分级"4C"标准的机构。在随后的几十年中，国际金银珠宝首饰联盟（CIBJO）、国际钻石委员会（IDC）、比利时钻石高层议会（HRD）和北欧国家的斯堪的纳维亚钻石委员会（Scan. D. N）等机构，也在钻石分级标准的建设、完善和推广等方面，做出了重要贡献。这些机构推出的钻石分级标准，在国际上都有相当大的影响力。1996年，国家质量技术监督检验检疫总局，首次颁布了我国的《钻石分级》国家标准（GB/T 16554—1996），该标准在实施过程中，分别于2003年和2010年进行了修订。这些钻石分级标准大同小异，都是以"4C"为基础的，在基本内容和概念上非常接近。

一、CIBJO钻石分级规则

国际金银珠宝首饰联盟（Confédération International de la Bijouterie，Joaillerie，Orfèvrerie

des Diamants，CIBJO）是一个国际性行业组织，1926年初创于法国巴黎，并于1961年进行了重组，目前总部位于意大利的米兰。组织成员包括奥地利、比利时、英国、丹麦、法国、芬兰、德国、荷兰、意大利、挪威、西班牙、瑞士、瑞典，以及美国、墨西哥、加拿大等二十几个国家。CIBJO下设有钻石、宝石、珍珠三个专业委员会，其中钻石专业委员会成立于1970年，并在1974年通过了CIBJO钻石分级标准，此后数十年不断修订和完善。经CIBJO认可的珠宝鉴定实验室必须具备CIBJO所规定的条件，执行CIBJO的钻石分级标准、宝石定名标准和珍珠定名标准。这些标准分别称为钻石手册、宝石手册和珍珠手册。CIBJO钻石分级标准在建立之初，其色级标准与GIA制定的色级标准不同，钻石手册在1979年作了重要修改，修改之后的CIBJO钻石颜色色级界限与GIA的色级界限一致。CIBJO钻石分级标准，对钻石切工中的圆钻比例不作评价，通常只要求注明全高和台面大小百分比即可，并认为不同比例的组合，同样可以产生很好的效果。对于特别差的比例情况，则在备注中说明，例如"鱼眼石"的情况，其色级标准使用描述性术语。

二、IDC钻石分级标准

国际钻石委员会（International Diamond Council，简称IDC），是世界钻石交易所联盟（World Federation of Diamond Bourses，WFDB）和国际钻石加工厂商协会（The International Diamond Manufacturers Association，IDMA）于1975年组建的一个联合委员会。1979年，改用国际钻石委员会之名，成立这一联合委员会的目的，是为钻石商贸制定一个在国际上普遍适用的评价钻石品质的统一标准，并且在全世界保障这套标准的实施。为了达到这一目的，国际钻石委员会与比利时钻石高层议会，在CIBJO钻石专业委员会的参与下，于1979年提出了"国际钻石分级标准"。该标准与其他的钻石分级标准基本一致，其中最为显著的特点是IDC执行定量化标准，提出"5微米规则"和外部特征，在净度等级评价中的作用。所谓"5微米规则"是指钻石内部是否含有大于5μm的内含物，依此来界定LC与VVS两个净度等级。

颜色分级方面，IDC规则与CIBJO规则完全相同，均采用描述性词汇，两者的颜色分级术语和颜色分级界限完全一致。

目前，执行IDC钻石分级标准的主要实验室有，位于德国宝石城伊达尔·奥伯斯坦（Idar-Oberstein）的钻石与宝石检测实验室，以色列特拉维夫（Telaviv）的以色列国家宝石研究所，南非珠宝首饰委员会设在约翰内斯堡（Johannesburg）的钻石鉴定实验室，比利时安特卫普（Antwerp）的钻石高层议会的钻石鉴定实验室等。国际钻石委员会非常致力于推行IDC标准，积极进行钻石分级的各种研究，并根据实际情况不断修改、完善标准。

三、GIA钻石分级体系

美国宝石学院（Gemological Institute of America，GIA）是一个专门从事宝石鉴定、科研和教育的机构，其分校遍布世界各地。GIA在钻石分级领域作出了重要贡献。GIA在20世纪30年代，最早系统地提出"4C"概念，建立了钻石"4C"分级规则，在这一规则中，钻石的颜色等级，是用钻石产地的地名来命名的。20世纪50年代，修改了原有的术语，改用英文字母表示，依次从D到Z，表示钻石的颜色，从无色至浅黄色的不同颜色等级，并一一作了标定，把色级划分成了23个等级，取代了原来的旧术语和色级划分。与欧洲钻石机构的描述性色术语相比，GIA提出的以字母形式表示的色级术语，具有简练、直观、易记的优点。由于美国在二战后成为世界最大的钻石消费市场，加之美国宝石学院的努力推广，世界上最大的钻石垄断集团——戴比尔斯矿业有限公司（De Beers）的中央销售组织（Central Selling Organization，CSO），采用了美国宝石学院的钻石分级标准，使该颜色分级方法在钻石业界广为流传。

在净度分级方面，GIA强调内部特征和外部特征两个方面对净度等级的影响，规定了每一净度等级的定义，并把净度划分成11个等级，比欧洲的净度等级更详细。同时，GIA把在其他钻石分级规则中，认为是外部特征的部分现象或缺陷，作为内含物看待，并且在净度等级的评定中考虑了这些特征的作用。尤其是在FL净度等级的评判中，外部特征起非常重要的作用。

在切工分级方面，以美国理想圆钻型切工为基础，从切工比例和修饰度两个方面进行评价，修饰度又包括对称性和抛光质量两个因素。对标准圆钻型切工的比例进行测量，提出了系统的评价优劣的观念和方法。

四、HRD比利时钻石高层议会分级标准

比利时钻石高层议会（Hoge Raad voor Diamant，HRD），成立于1973年，代表比利时钻石工商业的非营利性专业机构。HRD下设有钻石办公室、宝石学院、证书部、科研中心和公关部五个部门，为钻石的加工技术、商业贸易、钻石鉴定分级、人才培训等方面提供服务，并且广泛开展国际交流，在国际上享有非常大的知名度。

HRD在钻石分级方面的主要贡献，是与国际钻石委员会（IDC）共同起草了"国际钻石分级标准"，执行并推广IDC的钻石分级标准。

HRD独特的地方是，在净度分级上强调定量性。HRD的宝石学院在钻石分级的教学上，仍保留了净度定量分级的特有理论和方法。

五、RAL——德国的钻石分级标准

德国国家标准联合委员会，在1935年颁布的交易与保险的质量术语规范（RAL），首次对钻石的术语作了规定。但是，直到1963年的第五版（RAL560A5），才对这些术语作了定义。1970年，以补充条款（RAL560A5E）的形式，加入了钻石切工评价的内容。

六、Scan. D. N.——斯堪的纳维亚钻石委员会的钻石分级标准

包括丹麦、芬兰、挪威和瑞典等4个北欧国家的斯堪的纳维亚钻石委员会（Scandinavian Diamond Nomenclature，Scan. D. N.），于1969年通过了一项钻石分级标准，称为"斯堪的纳维亚钻石命名规则"，此项命名规则对传统的颜色分级的"旧术语"进行了归纳整理，并用了相应的描述性术语。1980年，对原有版本进行了修订，参考了GIA颜色分级的字母术语，新版本对钻石分级的方法作了很好的阐述。该标准的颜色分级与净度分级与GIA标准比较接近。在切工评价上，以Scandinavian标准圆钻为依据。修订后的命名规则不仅包含了钻石净度特征的定性术语，而且开创了通过净度特征图，形象、具体地描述净度特征的新途径。Scan. D. N.是欧洲问世最早的钻石分级标准，对欧洲各国的钻石分级标准的建立和改进起到了促进作用。

七、《钻石分级》国家标准（GB/T 16554—2010）

我国的《钻石分级》国家标准，是由国家质量技术监督检验检疫总局于1996年10月7日颁布的，1997年5月1日开始实施。为适应市场的需要，该标准也在不断地修改和完善，2003年和2010年分别进行了修订。这个标准与国际上的钻石分级标准接近，从总体上看与IDC标准最为接近，但是部分的具体内容又接近于GIA标准。与国外的钻石分级标准最大的不同之处在于，对镶嵌钻石建立了简略分级标准。《钻石分级》国家标准（GB/T 16554—2010），明确规定了该标准的适用范围。

①颜色分级适用于无色至浅黄（褐、灰）色系列的未镶嵌及镶嵌抛光钻石。

②切工分级适用于切工为标准圆钻型的未镶嵌及镶嵌抛光钻石。

③分级规则适用于未经覆膜、裂隙充填等优化处理的未镶嵌及镶嵌抛光钻石。

④分级规则适用于重量大于等于0.0400g（0.20ct）的未镶嵌抛光钻石，重量在0.0400g（0.20ct，含）至0.2000g（1.00ct，含）之间的镶嵌抛光钻石。重量小于0.0400g（0.20ct）的未镶嵌及镶嵌抛光钻石、重量大于0.2000g（1.00ct）的镶嵌抛光钻石可参照执行。

⑤非无色至浅黄（褐、灰）色系列的未镶嵌及镶嵌抛光钻石，其净度分级可参照执

行；其标准圆钻型切工的切工分级可参照执行。

⑥ 非标准圆钻型切工的未镶嵌及镶嵌抛光钻石，其颜色分级、净度分级及切工分级中的修饰度（抛光和对称）分级可参照执行。

第四节　钻石分级的常用仪器和工具

一、光源

净度分级的光源要采用荧光灯，荧光灯光线比白炽灯柔和，不会在钻石中形成强烈的反射光，同时热量小，即使在接近灯管时也不会有灼热感，荧光灯更接近于日光，有利于对钻石的颜色分级。常用的钻石颜色分级灯，见图2-1。

图2-1　钻石颜色分级灯

二、10倍放大镜

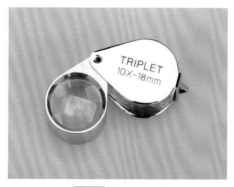

10倍放大镜是钻石分级最常用、也是最重要的工具之一。珠宝鉴定和钻石分级中，使用的合格放大镜由三片透镜组合制成，以达到消除像差和色差，同时具有观察视域大的效果（图2-2）。

像差是物体经放大镜放大之后产生了畸变的现象，即同一观察平面上的各点无法同

图2-2　10倍放大镜

时聚焦。放大镜视域的中心位置上的像差，要小于边缘位置上的像差。色差是透镜对不同波长的色光的焦距不一致造成的，也就是说放大镜不能把不同波长的光线聚焦在同一平面上，物像的边缘则容易产生色散效应，形成色差。与像差一样，在靠近视域中心位置上的色差，要较边缘位置上的小。色差会降低放大镜成像的清晰度。如果在放大镜的视域内，不出现像差和色差的范围越大，就越便于观察，也说明色差和像差都比较小。放大镜的视域大，质量好。为了消除像差和色差，珠宝检测和钻石分级用的放大镜，是把两片铅玻璃制作的凹凸透镜和一片无铅玻璃制作的双凸透镜夹持黏合在一起，称为"三合"镜，这种放大镜没有像差和色差。

检验放大镜质量的方法，是用放大镜观察 1mm×1mm 规格的小方格图案，如座标纸，若小方格子图像不发生畸变且周边无色差现象，则其质量合格。此外，用于钻石分级的放大镜要具有白色、黑色或灰色的外壳，以免钻石颜色分级时干扰颜色的正确判断。虽然颜色分级是在与比色石的比较之下作出的，但是，在放大镜下观察后，会留下关于钻石颜色的印象。

使用放大镜应注意以下问题。

① 正确的方法是，一手持放大镜，习惯把放大镜的金属外套套在食指或中指上，一手用镊子夹住钻石，放大镜靠近眼睛，距离约为 2.5cm，样品靠近放大镜，距离也约为 2.5cm。

② 双肘自然下垂支撑桌面，身体保持稳定，持放大镜和镊子的双手相抵靠，保持放大镜和钻石样品的稳定性。根据观察要求和效果，略微调整钻石和放大镜的位置，使观察点处于准焦位置，从而形成清晰的观察图像。

③ 观察钻石时，双眼自然睁开，避免一睁一闭，防止眼睛疲劳。

三、钻石镊子

镊子也是钻石分级使用的重要工具，用来夹持及取放钻石。钻石分级用的镊子长度通常为 16～18cm，柔软且有弹性，镊子的尖端有横向或纵横交错的防滑齿。防滑齿有宽（Broad，BR）、中等（Medium，M）、窄（Fine，F）、特窄（Extra Fine，XF）四种规格，适用于从大到小及碎钻等不同规格的钻石。有些型号的镊子尖端还有一条平行镊子的凹槽，或带滑块式的锁扣装置。锯齿和凹槽可以避免夹钻石时打滑，镊子若带有锁扣，可以锁住夹在镊子上的钻石，不会因松手而滑落，使用方便。镊子通常是灰色的（图2-3）。

夹持钻石通常有以下几种方式，见图2-4。

（1）平行腰棱的夹持方式［图2-4（a）］ 最方便、也是最常用的夹持方法。把钻石台面向下放置在干净的工作台上，手心向下掌握镊子，平行于钻石的腰棱平面夹持钻石，

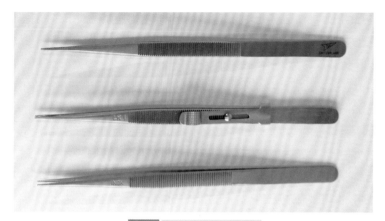

图2-3 不同类型的钻石镊子

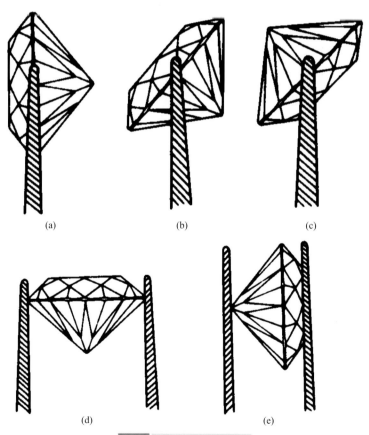

图2-4 钻石夹持的几种方式

（a）、（e）平行腰棱夹持；（b）、（c）倾斜腰棱夹持；（d）垂直腰棱夹持

并使镊子的尖端正好夹在钻石腰棱的直径上，这样可以避免镊子过多地遮挡钻石，以及减少因镊子造成的阴影和影像。主要用于观察钻石台面的内部特征、冠部以及亭部的净度特征和切工比例。

（2）倾斜夹持方式［图2-4（b）、（c）］ 镊子与钻石的腰棱既不平行也不垂直，主要用于透过冠部的倾斜小刻面和亭部的刻面来观察内部特征。采用这种方式的优点是观察的视线与刻面垂直，消除表面反光；缺点是夹持的难度很大，钻石容易滑落或崩飞。

夹持的方法是，钻石台面向下放在工作台上，手持镊子向下倾斜夹住钻石的腰棱。如果夹好后角度不够合适，可用右手上拿着的放大镜的金属框轻轻地推动钻石，调整角度。有经验的，也可以直接从平行夹持的状态，用放大镜的金属框推到倾斜状态。这时，最好用带锁扣的镊子。

（3）垂直夹持方式［图2-4（d）］ 钻石台面向下放在工作台上，镊子垂直地夹住钻石的腰棱，主要用于观察腰棱，也可以用于从侧面观察净度特征。垂直夹持钻石应注意用力大小须适宜，腰棱夹持点应为钻石腰棱直径位置。

（4）台面底尖夹持方式［图2-4（e）］ 镊子夹住钻石的台面和底尖，用于观察腰棱，在观察过程中还可以拨动钻石，使之转动，逐段观察整个腰棱，操作快捷。这是最稳固的一种夹持方式。但是，这种方式容易使钻石的底尖发生破损，因而不提倡使用。

夹持钻石观察净度特征或切工时，应注意镊子对光线的影响，避免镊子过多遮挡钻石。另外，镊子在钻石内部往往产生影像，初学者应注意区别镊子影像与钻石内含物。

四、清洁用品

钻石表面的灰尘、油污对净度分级的影响极大，在观察之前必须清除。分级中常用的清洁钻石的用具有：专用的不起毛的绒布、棉签、酒精和有尖的钢针等。绒布最好是专用的尼龙长绒布，不掉毛，麂皮、羚羊皮则是传统的用品。棉签和钢针尖也是很有效的辅助用品，用来清除局部的污物或尘埃，针尖必须和显微镜一起使用。一小瓶干净的酒精，对除去钻石表面灰尘具有很好的效果。

五、宝石显微镜

钻石的内部特征和外部特征，也可以在宝石显微镜（图2-5）下观察。与放大镜相比，显微镜有许多优点。首先，它的放大倍数远胜于10倍放大镜，可以放大到几十倍，能观察到非常小的内含物。其次，即使在10倍放大情况下，显微镜的景深较大，分辨能力更好，更易观察。显微镜还有不同的照明方式，暗域照明更利于对内含物的观察。此外，钻石还可以夹持，固定在显微镜的夹子上，能腾出手来，一边观察，一边记录或绘图。显微镜还可以配备钻石分级专用的辅助工具，例如特殊的样品夹持器，带有刻度尺的目镜，可用来测量内含物的大小，测量标准圆钻的切工比例等。显微镜的缺点是不易携带，观察方向不如放大镜灵活。

六、电子天平

图2-5 宝石显微镜

根据《钻石分级》国家标准（GB/T 16554—2010）要求，钻石重量分级的精度为0.0001g。电子天平读数为液晶显示技术，读数稳定可靠，多种计量单位可以快速转换，能方便快捷地自动校准归零，使用方便。电子天平（图2-6）体积较大，携带不便，所以日常贸易中也常常使用便携式电子克拉称（图2-7），其精度较电子天平低，通常是0.001～0.01ct。

图2-6 梅特勒电子天平

图2-7 便携式电子克拉称

七、卡尺

通常用来测量钻石的腰棱直径和全深。测量腰棱时，通常要测量几个方向上的直径，记录最大值和最小值范围。卡尺通常有机械卡尺和数显卡尺，机械卡尺有游标卡尺

（图2-8）、螺旋测微器（千分尺）（图2-9），精度在0.01～0.02mm。数显卡尺（图2-8）具有液晶显示屏，可直接显示测量数据，精度较高，比机械卡尺方便准确，但容易坏。

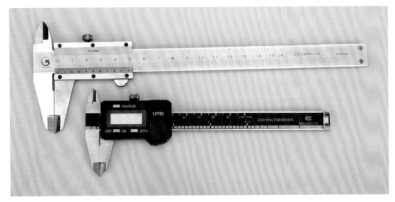

图2-8 游标卡尺和数显卡尺

图2-9 螺旋测微器

利用卡尺测量钻石毛坯的尺寸规格，可测算成品钻石的尺寸和大致重量，指导钻石设计和加工。测量裸钻的腰围直径和全深，可以估算钻石的重量。还可以根据钻石的重量和钻石尺寸大小的测量数据，判断钻石切工的优劣。

第三章

钻石的净度分级

　　天然形成的钻石，通常带有各种各样的内含物，又称为"瑕疵"。有的是在钻石形成的过程中，被包含到钻石之中的，称为包裹体，包裹体可以是固态、液态或气态的物质；有的是在钻石晶体生长过程中的生长痕迹（如生长纹）；有的是在钻石晶体形成之后产生的，最典型的就是各种各样的裂隙。这些瑕疵在不同程度上，影响钻石的洁净度和外观的美观性。由于钻石的自然生长过程极为复杂，钻石内部或多或少都会含有瑕疵，不含瑕疵的钻石是非常稀少的。

　　钻石的净度分级（Clarity Grading），是指用10倍放大镜或者在10倍放大条件下，对钻石内部和外部的特征进行等级划分。放大10倍仍然看不见瑕疵的钻石，用作珠宝首饰，已达到十分完美的程度。实际上，如果只从外观表现上看，在10倍放大镜下可见到的微小瑕疵，甚至即使在肉眼观察下可见到的小瑕疵，也不会对已抛光的钻石的外观产生实质性的影响。从这个角度来看，有些钻石的净度分级是不必要的。但是，净度分级的重要意义不仅在于评判内含物对外观的影响，而且还在于评判它们对钻石稀有性的影响。

第一节　钻石的净度特征

　　在钻石的净度评价中，除了考虑包含在钻石内部的内含物外，在钻石表面观察到的一些现象，如原始晶面、缺口、凹坑、生长纹等，也要加以考虑。内含物称为内部特征，表面缺陷称为外部特征。钻石的净度等级，就是根据钻石的内部特征和外部特征的大小与明显程度来确定的。内部特征是净度分级的基本依据，内部特征、外部特征统称为净

度特征，两者在净度分级中的作用不同。分级实践中确认的内、外部特征，对净度分级的结论具有重要的影响和意义。

一、内部特征

内部特征（Internal Characteristics），是指包含在已抛光的成品钻石的内部，或者从内部延伸到表面的固态、液态、气态包裹体、裂隙、双晶面（线）、生长面（线）以及人工处理的痕迹，是决定钻石净度等级的重要因素。内部特征对于VVS级以下的钻石具有决定性影响，有无内部特征也是VVS与更高净度等级的区分标志。内部特征根据其性质，又可分成包裹体、裂隙、结构现象、缺口和激光孔道等不同类型。《钻石分级》国家标准（GB/T 16554—2010），给出了钻石净度素描图的内部特征（表3-1）。

表3-1　钻石内部特征的种类、标记符号及描述

类　型	名　称	图例	特征描述（10倍放大镜）
包裹体	点状包裹体 （pinpoint）	●	包含在钻石内部极小的天然包裹体，无法辨别晶型，多为白色点状，也可以为深色或黑色"针尖"
	云状物 （cloud）	◠◡	钻石中朦胧状、乳状、无清晰边界的天然包裹体，往往是由数量众多的细小内含物组合而成，无法辨别内含物单体。云状物包裹体常常影响钻石的透明度和亮度，形成朦胧状外观。云状物对净度影响的跨度很大，若钻石中仅存在几个不明显小点组成的微云状物，可判定为VVS级；若存在小云状物，可判定为VS级；若存在明显云状物可判定为SI级；大而显著的云状物则可以成为判定P级钻石的净度特征
	浅色包裹体 （lighter inclusion）	◇	钻石内部所含有的浅色的或无色的天然包裹体，常见的有钻石、锆石、橄榄石等晶体包裹体。多为钻石形成过程中包裹到钻石内部的固态包裹体，比点状包裹体大，在暗色背景下才易于见到，大一点的包体可以识别晶体形态
	深色包裹体 （dark inclusion）	◆	钻石内部所含有的深色或黑色的天然包裹体，常见的有铬铁矿（黑色）、石榴石（红色）、橄榄石（绿色）、硫化物（深色）和属于次生包裹体的片状石墨等。与浅色包裹体相比，深色包裹体与钻石的颜色反差更大，放大观察时更容易被发现
	针状物 （needle）	╱	钻石内部的针状包裹体
结构 现象	内部纹理 （internal graining）	⫽⫽	存在于钻石内部的线状结构现象和面状结构现象，表现为平直的直线、纹理或平面，如生长纹、双晶纹、双晶面等
裂隙	羽状纹 （feather）	◗	钻石内部或由钻石表面延伸到内部较大的裂隙，形似羽毛状，可以为解理裂隙、断口裂隙和应力裂隙。解理裂隙面平坦，比较透明，转动一定的方向变黑，因光线全反射而无法透过裂隙，所有的未经愈合的裂隙，都会发生这种现象。断口裂隙面具有圆弧条纹，在其上往往还有平直的与解理方向有关的纹理。应力裂隙由钻石内部的应力造成，往往围绕在固态包裹体的周围，尺寸很小

续表

类　型	名　称	图例	特征描述（10倍放大镜）
裂隙	须状腰 （bearded girdle）		沿钻石腰棱分布的细小胡须状、羽状裂隙，深入内部的部分，是加工过程中形成的解理现象
缺损	内凹原始晶面 （extended natural）		凹入钻石内部的天然结晶面。一般是切磨钻石时，为了保存最大直径和最大重量，而保留下来的钻石原石的表皮，多为原石晶面的一部分，常常可以发现表面生长现象
	空洞 （cavity）		大而深的不规则破口，可以是到达表面的开放型裂隙，也可以是钻石抛磨时，表面上的固态包裹体脱落而形成的凹坑
	破口 （chip）		腰部边缘破损的小口，常常为楔入钻石内部的三角形缺损，因解理相交形成的缺口
	激光痕 （laser mark）		用激光束和化学品去除钻石内部深色包裹物时留下的痕迹，管状或漏斗痕迹称为激光孔，可利用高折射率玻璃充填。激光孔是白色针状的细管道，激光孔入口往往位于腰棱部位，反射光下为黑色小点

1. 包裹体

被包含在钻石内部的固态、液态、气态物质，在净度分级中强调可见性，故分成浅色包裹体（图3-1）、深色包裹体（图3-2）、微小的针状点状包裹体、不规则形状的云状物包裹体（图3-3）等。

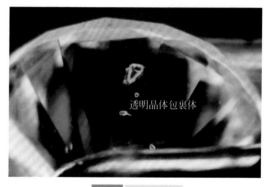

图3-1　浅色包裹体

图3-2　深色包裹体

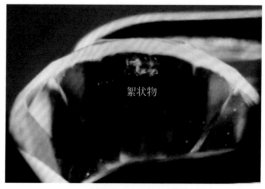

图3-3　云状物包裹体

2. 结构现象

在钻石的晶体生长过程中，由钻石晶体的双晶、生长带等形成的与钻石的晶体结构密切相关的内部纹理（图3-4），包括双晶面、双晶纹、生长面、生长纹等，如果其上带有颜色，也可称色带。

3. 裂隙

裂隙可在钻石内部，也可延伸至外部，其形态和成因都比较复杂，大多数是天然形成的，形态上有平直的解理裂隙、不规则的断口裂隙或羽状裂隙、应力裂隙等（图3-5、图3-6）。羽状裂隙又称羽状纹，其颜色多为乳白色或无色透明。

钻石的加工过程中也会形成裂隙，如腰棱的须状腰（图3-7）。

图3-4 内部纹理

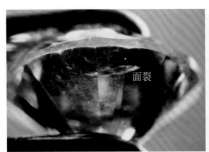

图3-5 面状裂隙

图3-6 羽状纹

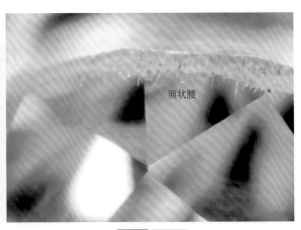

图3-7 须状腰

4. 缺损

钻石表面一定程度深入到钻石内部的各种凹陷，包括有内凹原始晶面（图3-8）、凹坑、缺口（图3-9）、破损、激光孔洞（图3-10）或开放式破裂。

图3-8 内凹原始晶面

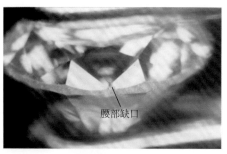

图3-9 腰部缺口

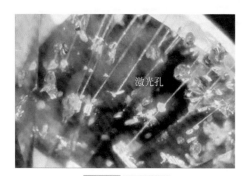

图3-10 激光孔洞

二、外部特征

保留在成品钻石表面的净度特征，称为外部特征（External Characteristics），如原始晶面（图3-11）、表面纹理（图3-12）、抛光纹（图3-13）、刮痕、烧痕、额外刻面、缺口（图3-14）、击痕、棱线磨损（图3-15）、人工印记等。《钻石分级》国家标准（GB/T 16554—2010），给出了钻石净度素描图的外部特征的标记符号（表3-2）。

图3-11 原始晶面

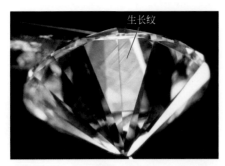

图3-12 生长纹

图3-13 底尖破损和抛光纹

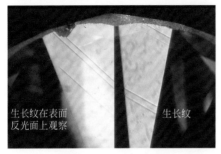

图3-14 生长纹和缺口

图3-15 棱线磨损

表3-2 钻石外部特征的种类、标记符号及描述

类型	名 称	图 例	特征描述（10倍放大镜）
原石特征	原始晶面（natural）	N	为保持最大重量和最大直径而在钻石腰部或近腰部保留的天然钻石的表面，多是晶面的一部分，多数位于钻石的腰棱附近，钻石原始晶面上常常会保留某些微形貌现象，可以作为钻石鉴定的特征
结构现象	表面纹理（surface graining）		保留在钻石表面的天然生长痕迹，是双晶面与生长面在钻石抛光表面上的体现，表现为直的或弯曲的线，如双晶纹、生长纹等。与抛光纹不同的是一组表面纹理，可以穿越多个刻面，体现出整体性和连续性
加工现象	抛光纹（polish lines）	//////////	抛光不当造成的细密线状痕迹，主要是人员操作不当或磨盘过度使用造成。抛光纹在同一刻面内相互平行，但是相邻刻面上的抛光纹方向是随机的，不体现整体性和连续性，利用表面反光可以很好地观察抛光纹
	刮痕（scratch）	Y	钻石表面很细的划伤痕迹，是钻石相互摩擦、相互刻划而导致的细浅白线
	烧痕（burn mark）	B	抛光不当所致的糊状疤痕，主要是由于钻石与高速旋转的磨盘摩擦产生高温，钻石表面发生氧化反应，抛光的表面表现为灰白色的表面雾团
	额外刻面（extra facet）	E	可能因切磨不当或为了掩盖某种缺陷，标准刻面之外的所有多余刻面，表现为个别的、与琢型没有关系、也不符合对称性

续表

类型	名　称	图　例	特征描述（10倍放大镜）
表面磨损	缺口 （nick）	⋀	腰棱或底尖上细小的损伤
	棱线磨损 （abrasion）	ᛜᛜᛜᛜ	棱线上细小的损伤，呈磨毛状
	击痕 （pit）	✕	表面受到外力撞击留下的痕迹，常常表现为带有根须状细小裂纹的小白点
	人工印记 （inscription）		在钻石表面人工刻印留下的痕迹。在备注中注明印记的位置

外部特征也是影响钻石净度分级的重要因素，对于 VVS 级以下的钻石而言，内部特征是判定净度等级的主要依据，但是对于 VVS 级以上的钻石而言，外部特征常常是影响钻石净度等级判定的重要因素。外部特征不会深入钻石的内部，所以在钻石重量损耗极小的情况下，一些微小的外部特征经重新抛光后可以去除。

三、净度素描图

净度分级时，将钻石的内部特征和外部特征标示在冠部和亭部投影图上，称为净度素描图。这种素描图无论在正式的钻石分级报告上，还是实验室的原始记录上都必不可少。绘制净度素描图是钻石净度分级的一项基本内容，也是很重要的一项工作。通过观察净度素描图，可以准确了解钻石所具有的净度特征的性质、大小、形状和位置，它是净度分级的客观记录，也是判断钻石净度等级的一种有力证据。同时，由于钻石净度特征常常具有唯一性和标志性特点，所以净度素描图也是确认钻石身份的一种有效标志。

绘制净度素描图的方法，是在认真观察钻石内部特征和外部特征的基础上，按照各种瑕疵的实际形态和大小比例，绘制在琢型的冠部投影图和亭部投影图的相应位置上，为使这一图示既直观又简便，除使用专门的符号外，还规定钻石内部特征用红色符号表示，外部特征用绿色符号表示。对于少数涉及钻石表面的内部特征，使用红绿两种颜色表示，例如激光孔、表面凹坑、腰棱凹角、开放裂隙等。

对于仅从冠部可以观察到的特征，只绘制在冠部投影图上；对于仅从亭部可以观察到的特征，只绘制在亭部投影图上；对于从冠部和亭部同时能够观察到的特征，需要同时绘制在冠部和亭部投影图上。对于形成多个影像的内部特征，在净度素描图上只描绘实物，其影像现象在备注中加以说明。在钻石的正式分级报告中，通常只描绘决定钻石净度等级和最具识别作用的特征，其他特征可以在备注中加以说明。因此，对于净度等级高的钻石，往往描绘详尽。因为对高净度等级的钻石而言，任何净度特征都可能影响其等级的判定。相反，判定低净度等级的钻石，只需要描绘主要的净度特征，就足以提

供充分证据。

　　绘制钻石净度素描图，要根据成品钻石的琢型，选择相应的琢型投影图。琢型投影图的定位规则，冠部投影图按时钟的方式分成不同区域（图3-16），12点钟在上方，6点钟在下方，二者构成"垂向轴"；3点钟在右边，9点钟在左边，二者构成"水平轴"。亭部投影图通常摆放在冠部投影图的右方或下方，无论摆放在哪个方位，亭部投影图的定位与冠部投影图的定位，均形成镜面对称。利用10倍放大镜观察钻石净度特征时，冠部和亭部的方位转换通常是围绕垂向轴旋转180°，这种方位转换恰好相当于亭部投影图和冠部投影图左右排布的方式（图3-16）。因此，亭部投影图和冠部投影图左右排布适合"放大镜观察方式"。利用显微镜观察钻石净度特征时，冠部和亭部的方位转换通常是围绕"水平轴"旋转180°，这种方位转换恰好相当于亭部投影图和冠部投影图上下排布的方式（图3-17）。因此，亭部投影图和冠部投影图上下排布适合"显微镜观察方式"。

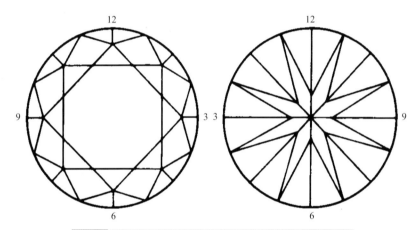

图3-16　左右排列的钻石投影图，适用于10倍放大镜工作方式

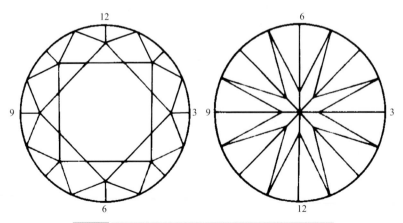

图3-17　上下排列的钻石投影图，适用于显微镜工作方式

在素描图上描绘钻石净度特征时，要注意所观察的不同净度特征的正确位置，确保不同净度特征之间的相对位置关系准确。对于从冠部和亭部都可以观察到的净度特征，要注意所描绘的位置要一致，即在冠部投影图和亭部投影图上所描绘的同一特征呈镜像对称（图3-18）。

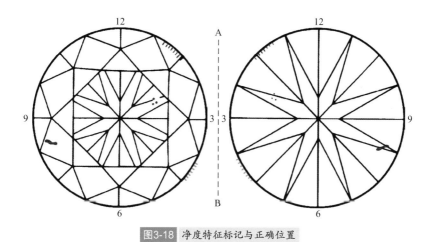

图3-18 净度特征标记与正确位置

第二节 钻石净度等级的划分

一、国际上不同钻石机构钻石净度分级标准

美国宝石学院（GIA），在20世纪50年代完善的钻石分级标准包括净度分级的概念和方法，得到了珠宝首饰业界的广泛响应和采用。目前，国际上有影响的钻石分级机构，对钻石净度等级的划分大同小异，其净度等级划分见表3-3。净度分级标准的基本内容，见表3-4。

表3-3 钻石净度等级划分

美国宝石学院 GIA		中　国 GB/T 16554—2010		国际金银珠宝首饰联盟 CIBJO		国际钻石委员会 比利时钻石高层议会 IDC & HRD	
完美无瑕FL		镜下无瑕级 LC	FL	镜下无瑕LC		镜下无瑕LC	
内部无瑕IF			IF				
非常极微瑕	VVS₁	极微瑕级	VVS₁	极微瑕	VVS₁	极微瑕	VVS₁
	VVS₂		VVS₂		VVS₂		VVS₂

续表

美国宝石学院 GIA		中 国 GB/T 16554—2010		国际金银珠宝首饰联盟 CIBJO		国际钻石委员会 比利时钻石高层议会 IDC & HRD	
极微瑕	VS₁	微瑕级	VS₁	微瑕	VS₁	微瑕	VS₁
	VS₂		VS₂		VS₂		VS₂
微瑕	SI₁	瑕疵级	SI₁	小瑕	SI₁	小瑕	SI
	SI₂		SI₂		SI₂		
有瑕	I₁	重瑕疵级	P₁	有瑕	P₁	有瑕	P₁
	I₂		P₂		P₂		P₂
	I₃		P₃		P₃		P₃

表3-4　不同机构钻石净度分级规则一览

美国宝石学院（GIA）钻石净度分级规则		
净度等级	定　义	相关规则说明
完美无瑕（FL）	10倍放大镜下观察，没有任何的内含物或缺陷	内含物的种类：腰棱胡须、碰伤、洞痕、缺口、云状物、羽裂纹、晶体包裹体、内凹原晶面、内部双晶纹、晶结、激光孔洞、针状体、针点、双晶网。 缺隙的种类：磨损、额外刻面、原晶面、小缺口、白点、抛光痕、磨损痕、粗糙腰棱、刮痕、表面双晶纹。 缺隙对净度的影响。主要对FL和IF等级的钻石有影响，对更低的等级钻石影响不大
内部无瑕（IF）	10倍放大镜下观察，无内含物，只有小的缺陷	
非常极微瑕（VVS₁₊₂）	细微的内含物，用10倍放大镜观察极难发现，尤其VVS₁更难被发现，只能从亭部看到，或浅小到可以轻微的重新抛光去除，VVS₂也很不容易发现	
极微瑕（VS₁₊₂）	较小的内含物，在10倍放大镜下观察，VS₁难见到，VS₂稍微容易看到	
微瑕（SI₁₊₂）	小的内含物在10倍放大镜下观察，SI₁容易看到，SI₂非常容易看到	
有瑕（I₁₊₂₊₃）	所含的内含物在10倍放大镜下明显易见，可用肉眼从正面看到，严重时影响钻石的坚固性，数目极多时影响透明度和明亮度，I₁肉眼可见内含物，I₂更容易看见，I₃极容易看见并影响坚固性	

《钻石分级》（GB/T 16554—2010）钻石净度分级规则		
净度等级		定　义	相关规则说明
镜下无瑕级（LC）	FL	在10倍放大条件下，未见钻石具内、外部特征。下列特征情况仍属FL级：额外刻面位于亭部，冠部不可见，或原始晶面位于腰围，不影响腰部的对称，冠部不可见	内部瑕疵的类型：点状包裹体、云状物、羽状体、浅色包裹体、深色包裹体、内凹原始晶面、内部纹理、激光孔、须状腰、空洞、破口、击痕、双晶中心、双晶丝网状物。 外部瑕疵的类型：原始晶面、创伤、棱线磨损、点、抛光纹、烧痕、表面纹理、额外刻面、小缺口
	IF	在10倍放大条件下，未见钻石具内部特征，定为IF级。下列特征情况仍属IF级：内部生长纹理无反光，无色透明，不影响透明度，或可见极轻微外部特征，经轻微抛光后可去除	
极微瑕级	VVS₁	具有极微小的内、外部特征，10倍放大镜下极难观察	
	VVS₂	具有极微小的内、外部特征，10倍放大镜下很难观察	

续表

《钻石分级》（GB/T 16554—2010）钻石净度分级规则			
净度等级		定　　义	相关规则说明
微瑕级	VS₁	具细小的内、外部特征，10倍放大镜下难以观察	内部瑕疵的类型：点状包裹体、云状物、羽状体、浅色包裹体、深色包裹体、内凹原始晶面、内部纹理、激光孔、须状腰、空洞、破口、击痕、双晶中心、双晶丝网状物。 外部瑕疵的类型：原始晶面、创伤、棱线磨损、点、抛光纹、烧痕、表面纹理、额外刻面、小缺口
	VS₂	具细小的内、外部特征，10倍放大镜下比较容易观察	
瑕疵级	SI₁	具明显内、外部特征，10倍放大镜下容易观察	
	SI₂	具明显内、外部特征，10倍放大镜下很容易观察	
重瑕疵级	P₁	从冠部观察，具明显的内、外部特征，肉眼可见	
	P₂	从冠部观察，具很明显的内、外部特征，肉眼易见	
	P₃	从冠部观察，具极明显的内、外部特征，肉眼极易见并可影响钻石的坚固度	

国际金银珠宝首饰联盟（CIBJO）钻石净度分级规则			
净度等级		定　　义	相关规则说明
镜下无瑕LC		10倍放大镜下不可见内含物	内部特征的种类：小晶体、固态包体、云雾体、针尖、裂隙、羽状体、腰棱胡须、带色双晶面。 不影响净度的外部特征的种类：划痕、小点、额外刻面、原晶面、双晶线、生长线和表面纹理、抛光痕、粗糙腰棱、烧痕和轻微的腰棱胡须。 考虑外部特征的规则：如果外部特征很大，不能用耗损重量不大的重抛光除去，要在净度评定中加以考虑。 其他：0.47ct以下，不分亚级
极微瑕（VVS₁₊₂）		极微小的内含物，在10倍放大镜下极难发现	
微瑕（VS₁₊₂）		微小的内含物，10倍放大镜下不易发现	
小瑕（SI₁₊₂）		小的内含物，10倍镜下易于发现	
有瑕	P₁	内含物在10倍放大镜下立即可见，用肉眼通过冠部观察很难发现，不影响钻石亮度	
	P₂	大或多的内含物，用肉眼通过冠部观察容易发现，轻微减弱钻石的亮度	
	P₃	大或多的内含物，通过冠部用肉眼观察极易发现，影响了钻石的亮度	

国际钻石委员会和比利时钻石高层议会（IDC & HRD）钻石净度分级规则			
净度等级		定　　义	相关规则说明
镜下无瑕LC		10倍放大镜下不可见内部特征	内部特征的种类：针尖、晶体、云雾体、解理裂隙、裂隙、深色包体、腰棱胡须、生长面、双晶面、激光孔等。 外部特征的种类：原晶面、额外刻面、双晶纹和生长纹、表面的各种损伤。 外部特征对净度的影响：对LC钻石没有影响，用附注说明；对VVS级及以下的钻石，在10倍放大镜下依外部特征的可见性，按一定规则影响净度等级。 5微米规则：LC与VVS之间的区别用含有5微米大小内含物的标准样品，但最终以放大镜下的可见性为准
极微瑕（VVS₁₊₂）		非常非常小的内部特征，用10倍放大镜非常困难或很困难才能发现，内部特征的大小、位置和数量决定亚级	
微瑕（VS₁₊₂）		非常小的内部特征，用10倍放大镜下较难看到容易看见	
小瑕（SI₁₊₂）		小的内部特征，在10倍放大镜下易见	
有瑕	P₁	所具有的内部特征从冠部一侧用肉眼难以看见	
	P₂	大或多的内部特征，肉眼较易看见，并轻微地影响钻石的亮度	
	P₃	大或多的内部特征，肉眼极易看见，并影响了钻石的亮度	

二、钻石净度等级的划分和说明

钻石的净度等级，是在 10 倍放大条件下，根据钻石所含有的内部和外部特征的大小、数量、位置及性质，所表现出来的可见程度进行划分的。这一定义，也提供了评定钻石净度等级的基本依据。我国的《钻石分级》国家标准（GB/T 16554—2010），把钻石净度分为 LC、VVS、VS、SI、P 五个大等级，又细分为 FL、IF、VVS_1、VVS_2、VS_1、VS_2、SI_1、SI_2、P_1、P_2、P_3 十一个小等级。对于质量小于（不含）0.0940g（0.47ct）的钻石，净度等级可划分为五个大等级。

1. 镜下无瑕级或LC级（Loupe Clean）

在 10 倍放大条件下，未见钻石具内外部特征，细分为 FL、IF 二个等级。

（1）无瑕级或FL级（Flawless） 无瑕级可理解为既无内含物又无外部特征。其定义是：10倍放大条件下，观察不到内含物和外部特征。但允许存在轻微且不影响透明度、不带颜色的内部双晶纹和生长纹，腰棱上允许存在不大于腰厚、不影响圆度或腰棱轮廓的原晶面和额外刻面，或额外刻面位于亭部，冠部不可见。同样，这些净度特征也不会对更低的净度等级产生影响。

（2）内无瑕级或IF级（Internally Flawless） 在 10 倍放大条件下，钻石没有可见的内含物，但有外部特征。下列特征情况属 IF 级：内部生长纹理无反光，无色透明，不影响透明度，或可见极轻微外部特征，经轻微抛光后可去除。例如较大的原始晶面、通过冠部可见的额外刻面、轻微的表面双晶纹或其他纹理，以及其他轻微的、经重新抛光可以消除且不明显损耗重量的外部特征。通常情况下，内部无瑕级钻石所具有的外部特征不能经重新抛光消除，如双晶纹、原晶面、额外刻面等。否则，切磨师或拥有者可以进行重抛光，使之升级为无瑕级。

2. 极微小内含物级或VVS级（Very Very Slightly Inclusions）

在 10 倍放大条件下，钻石具极微小的内、外部特征，细分 VVS_1 和 VVS_2 两个等级。该等级与内部无瑕级的主要区别在于，含有少量极微小的内含物。该等级的钻石所具有典型的内含物是，少量浅色的针尖状包裹体、发丝状的微小裂隙、轻微的腰棱胡须。

（1）VVS_1 级 含有极微小的内含物，用10倍放大镜观察极难发现，不允许有从台面中央可见的内含物。

（2）VVS_2 级 含有极微小的内含物，用10倍放大镜观察很难发现，并且允许有较易看到的外部特征，以及位于亭部从冠部较易看到的额外刻面和原始晶面。

3. 微小内含物级或VS级（Very Slightly Inclusions）

钻石具细小的内、外部特征，细分为VS_1和VS_2二个等级。与VVS级的主要区别在于，含有更大、更多的内含物。该等级的钻石所含有的典型内含物有：一组在台面范围内可见的针尖状包裹体、微小但比针尖略大的包裹体、云雾体、腰棱上微小的裂隙等。

（1）VS_1级　含有微小的内含物，用10倍放大镜观察困难发现，并且允许有易见的外部特征，以及位于亭部从冠部观察易见的原始晶面和额外刻面。

（2）VS_2级　含有微小的内含物，用10倍放大镜观察较困难发现，并且允许有易见的外部特征，以及位于亭部从冠部观察易见的原始晶面和额外刻面。

4. 小内含物级或SI级（Slightly Inclusions）

钻石具明显的内部和外部特征，细分为SI1和SI2二个等级。该等级的典型特征是，台面下一群浅色的包裹体，腰棱附近深色的包裹体、小的羽裂，位于冠部的较大的额外刻面等。

（1）SI_1级　含有小内含物，10倍放大镜观察容易看到，并且允许有易见的各种外部特征。

（2）SI_2级　含有小内含物，10倍放大镜观察很容易看到，并且允许有易见的各种外部特征。

5. 内含物级或P级（Pique）

钻石具有明显的、比较大的内部和外部特征。从这一等级开始，用肉眼就可以直接看到，内部特征对钻石的外观产生不利的影响，外部特征不再作为评定净度等级的因素。可以细分为P_1、P_2、P_3三个等级。

（1）P_1级（中内含物级）　含有许多内含物，用10倍放大镜观察十分容易看见，但肉眼从冠部观察不易看见。该等级的典型特征是，含有深色的包裹体、较大的裂隙、面状的云雾体等，这些内部特征会轻微影响钻石的光学效果和美观程度。

（2）P_2级（大内含物级）　含有大或多的内含物，肉眼从冠部观察可见，这些内含物还轻微影响了钻石的明亮度。该等级的典型特征是，含有大的深色的包裹体、一群浅色的包裹体、较大的裂隙、较大的裂隙等，这些内部特征会严重影响钻石的光学效果和美观程度。

（3）P_3级（重内含物级）　该等级是净度等级中最低的，含有大而多的内含物，肉眼从冠部观察易于看见，这些内部特征对钻石的明亮度产生明显的影响，大裂隙、一组裂隙、或者一条可能导致钻石破损的裂隙，甚至影响到钻石的耐用性和牢固程度。

　　钻石的净度等级，从最高的 FL 级到最低的 P_3 级，其净度特征的可见性变化很大，从 10 倍放大镜下不可见，到肉眼易见。净度等级为 SI1 级以上的钻石，肉眼观察无法辨别净度特征。因此，钻石的净度特征不会影响钻石的外观和整体光学效果。对 SI_2 等级的钻石，肉眼仔细观察可能看见某些净度特征，但是，这些净度特征不会影响钻石的外观和整体光学效果。从 P_1 级开始，钻石的净度特征，在肉眼观察下可以直接看到，并开始影响到钻石的外观和光学效果。P_3 等级的钻石，不仅外观受到了很大的影响，而且耐用性也会有不同程度的降低，P_3 等级的钻石制作的首饰，在佩戴过程中可能会因受到外力作用，而导致裂隙扩大乃至钻石破碎等后果，常常是导致顾客投诉或抱怨的原因。

　　钻石的净度等级和净度特征素描图，见图 3-19。

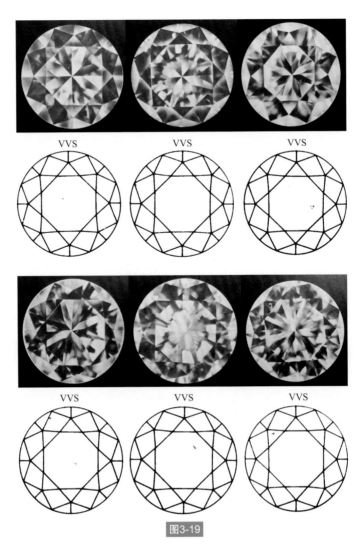

VVS　　　　　　VVS　　　　　　VVS

VVS　　　　　　VVS　　　　　　VVS

图3-19

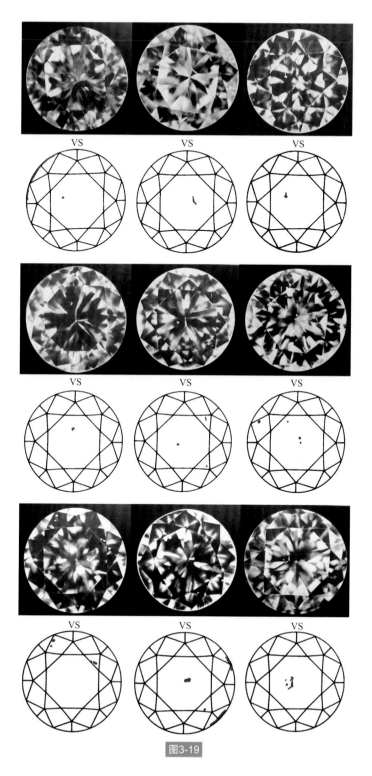

图3-19

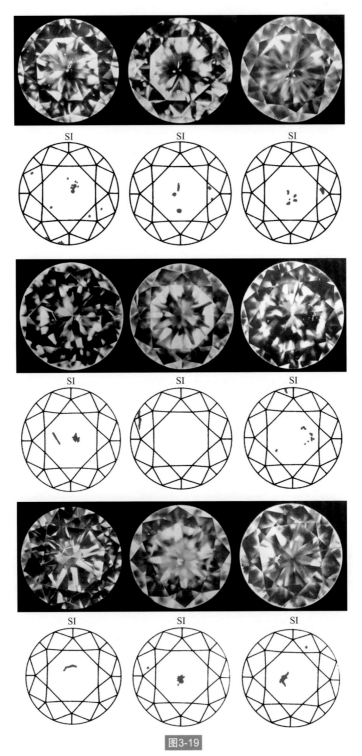

图3-19

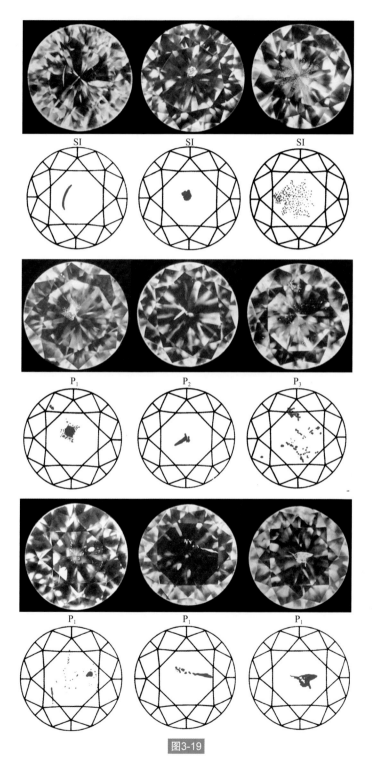

图3-19

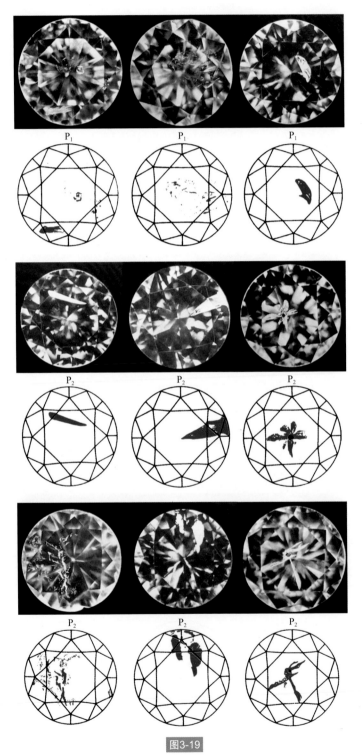

图3-19

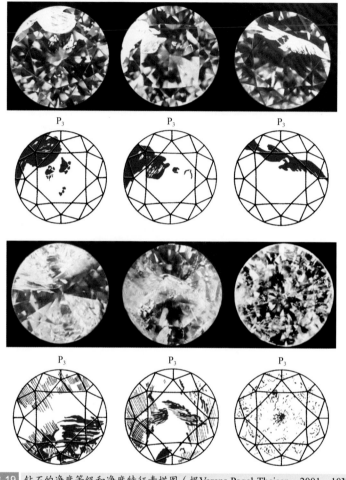

P₃   P₃   P₃

P₃   P₃   P₃

图3-19 钻石的净度等级和净度特征素描图（据Verena Pagel-Theisen，2001，10X）

第三节 钻石的净度分级实践

钻石净度分级是指在采用比色灯照明和10倍放大镜观察条件下，对钻石内部和外部的特征进行观察，并根据净度特征的大小、数量、性质、位置、颜色等内容，确定钻石净度等级的工作过程。从事净度分级的技术人员应受过专门的技能培训，掌握正确的操作方法。根据国家标准，净度等级的结论由2～3名技术人员，独立完成同一样品的净度分级，并取得统一的认识和结果。

一、钻石净度分级的操作步骤

1. 清洁钻石和工具

检查待分级钻石和工具是否洁净，用镊子夹住钻石将其放入酒精中轻微搅动后，取出直接观察，或用钻石布擦拭干净再观察。

2. 观察冠部

一手拿镊子夹持钻石腰围的位置，一手持放大镜，将钻石靠近钻石分级灯，使光线从钻石亭部透入，从垂直台面方向或垂直冠部刻面方向观察冠部的净度特征。台面是钻石最大的平面，是窥视钻石内部的最佳窗口，一定要尽可能地通过台面寻找各种净度特征。在观察时，视线要逐渐地从台面表层深入内部直到底尖，把钻石台面的整个区域中不同深度上可能存在的净度特征全部观察到。观察过程中，还要稍稍地转动钻石，改变光线的照射方向和背景亮度，增加发现内含物的机会，因为浅色的内含物易在暗域照明的条件下发现。

观察完台面之后，依次观察其余的冠部小刻面，例如可先依次观察8个星刻面，8个冠部主刻面，最后观察16个上腰小面，或按Ⅰ、Ⅱ、Ⅲ、Ⅳ区来观察（图3-20）。观察时要使视线与刻面垂直，消除表面反光的影响，才能透过刻面看到内部。为此，可以采取倾斜夹持的方式。观察冠部时，6点钟位置是视觉效果最好、最利于观察的方位（图3-21）。

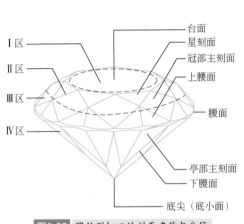

图3-20 圆钻型切工的刻面名称与分区

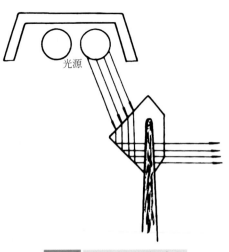

图3-21 6点钟位置的照明条件

3. 观察亭部

从底尖方向和垂直亭部刻面方向，观察钻石亭部范围内的净度特征。绝大多数内含物都可以通过冠部的观察发现，只有紧挨着腰棱下方的内含物，要从亭部一侧观察才能看到。亭部观察同样要有系统性，可以先依次观察8个下主小面，然后再依次观察16个下腰小面。观察时，钻石可采用倾斜夹持法，使视线与刻面尽量垂直。

4. 观察腰部

从钻石的正侧面观察钻石腰部的净度特征。观察腰棱一般比较容易，这是因为腰棱很窄，有的呈磨砂状，不透明。所以注意力集中在腰棱表面上所具有的特征。观察时，最重要的是要保证整个腰棱都被观察到，采用台面底尖夹持方式。

5. 外部特征的观察

外部特征同样要按冠部、亭部和腰棱，分别进行观察，把注意力集中在钻石的表面。对部分外部特征，要用反射光观察，适当地转动钻石，使刻面反射的光线正好与视线一致进入眼睛，这时刻面显得特别明亮，刻面上的净度特征或呈白色或呈黑色，较易识别。

6. 绘制净度素描图

将观察到的净度特征，标示在冠部投影图和亭部投影图上。

7. 判定净度等级

综合考虑所观察到的净度特征的性质、大小、位置、数量颜色等各方面因素，按照净度等级的划分标准，确定钻石的净度等级。

二、钻石净度分级判定的影响因素

钻石净度特征的可见性，是判定净度等级的主要依据。可见性由净度特征的大小、数量、位置、性质、颜色和反差决定，所以，净度等级必须依据这些因素的特征，综合考虑来判定。在某些情况下，还要考虑到净度特征对钻石耐用性存在的威胁。

1. 净度特征的性质

外部特征对高净度等级钻石的影响比较大，特别对于LC等级的钻石而言，是外部特征决定净度等级。对于VVS级以下的钻石，通常是内部特征决定净度等级，外部特征作为判定净度等级的参考因素。外部特征对净度等级判定的影响，见表3-5。

表3-5　外部特征对净度等级判定的评价（10倍放大镜观察）

外部特征			对净度等级判定的影响
原始晶面和额外刻面	表面纹理、生长纹和双晶纹	表面磨损	
难见，并且从冠部一侧不可见	不可见或难见	不可见或难见	不影响
从冠部一侧较难见	较难见	较难见	FL级下降为IF级，对IF级以下没有影响
从冠部一侧可见	可见	可见	净度等级不高于VVS$_1$级，VVS$_1$级降为VVS$_2$级，对VVS$_2$级以下没有影响
从冠部一侧易见	易见	易见	净度等级不高于VS$_1$级，严重时可定为SI$_2$级，但不可低至P$_1$级

2. 净度特征的大小

净度特征的大小是决定净度等级的重要因素。净度分级的前提是，在10倍放大条件下进行。无论是内部特征还是外部特征，净度特征越大，越容易看见，净度等级越低。例如，即使钻石无任何内部特征，若存在较大的原始晶面，就不能定为较高的净度等级；大的内部特征是判定净度等级的决定性因素。在净度分级方面，HRD提出了净度分级的定量分析方法，即用显微镜测量出内含物的大小，并依此判定钻石的净度等级。IDC标准中5μm规则就是定量评价的体现。但是，定量评价钻石净度的方法，没有得到普遍的接受和支持。

所谓5μm规则，指的是在10倍放大条件下，5μm是大多数人肉眼分辨的极限，即小于5μm的内含物，10倍放大条件下肉眼是观察不到的。因此，将5μm作为净度等级的划分界线。

3. 净度特征的数量

净度特征的数量越多，可见性也越大，净度等级也就越低。即便是同样大小的内含物，在钻石内无论是散开分布或集中分布，数量多的都要比单个或少数几个的净度等级要低。如钻石中的云状物由微小的、不到1μm大小的气液包裹体所组成，在10倍放大镜下，无法看清单个的包裹体，但是大量小包裹体聚集在一起，加强了光线的散射作用，形成朦胧状的云雾体，使钻石的透明度下降。云雾体可使钻石的净度等级降至P级。此外，如果钻石中的包裹体形成多个影像，也是判定净度等级下降的理由。

4. 净度特征的位置

同样的净度特征，处于钻石内不同的位置，可见性不同。例如，同样大小的净度特征位于台面的中央便一眼可见，若分布在腰棱附近就不易被发现。所以，相同的净度特征因其所在的位置不同，会导致不同的净度等级。但是，这种影响没有内含物的大小与数量的影响大，往往导致降低一个小级。例如，VVS_1 不允许有位于台面中央的针尖，若有则应定为 VVS_2。在面棱顶点的附近及底尖附近区域的内含物，会产生映像。一个内含物经刻面的反射，可形成多个影像，增加了该内含物的可见性，所以对净度的影响更大。一般说，位于台面正下方的净度特征对净度等级的影响最大，依次是冠部、腰部和亭部。

5. 内含物的颜色和反差

一个内含物在钻石中是否容易被发现，除了受其大小和所在位置影响外，还与内含物本身颜色与钻石背景的反差有关。同样大小、所处位置也相同的两个内含物，如果颜色不一样，或者表面光泽不一样，其可见性也会不一样。黑色或有色的包裹体，要比无色透明和浅色的包裹体更醒目。表面光泽强的高亮度包裹体，也易看见。所以，同样条件下，深色内含物或高亮度内含物，要被判为较低的净度等级。

举例来说，如果钻石仅含一个大小仅为 $5\mu m$ 的内含物，但表面光泽很强，在正常照明下，呈现一个很小的针尖，在10倍放大条件下可见，那么这颗钻石要被判为 VVS_1 级，而不能是 FL 或 IF 级，如果该针尖位于台面范围内，这颗钻石还要被判为 VVS_2 级。

6. 对耐用性的影响

对耐用性有影响的内含物是裂隙。如果裂隙使钻石存在破裂，或者使某一部分有崩落的危险，即使裂隙还没有严重影响钻石的明亮度，也要判为最低的净度等级 P_3 级。

净度等级是依据最明显的净度特征来确定的。如果有一个明显的羽状裂隙，那么钻石中存在的个别针尖包裹体，不再对净度等级起作用，除非针尖的数量很多，并产生了明显的可见性，才与羽状裂隙一起作为净度评价的考虑因素。

此外，每一净度等级都有一个范围，同一净度等级的两粒钻石，假如一粒在该净度等级的上限，另一粒在下限，它们的净度特征会有较大的差异。而且，净度等级越低，这种差异也会越大。

三、钻石净度特征观察中应注意的问题

钻石内外部特征的观察是净度分级的基础工作，是判定净度等级的前提条件，在净度分级实践中，要依靠所掌握的知识和经验积累，根据实际情况找出净度特征，进行综合分析判断。此外，还要注意下列问题。

1. 镊子的影像

用放大镜观察时，镊子夹着钻石的腰棱，镊子所夹持的位置会看见镊子的影像，初学者有时会把这镊子的影像，当作是钻石的内含物或羽状裂隙。另外，由于镊子对光线的遮挡以及所形成的影像的干扰，镊子所夹持的位置是难以看清净度特征的。为解决这一问题，最好的办法是换一个夹持位置，让原被夹持的位置充分暴露出来，最好放置到"6点钟"的位置，再进行观察。

2. 内含物的影像

钻石亭部的内含物，靠近表面且位于两个或三个相邻刻面的对称面位置上时，因为光线反射、折射的关系，形成两个或两个以上的镜像。若内含物靠近钻石的底尖时，会形成一圈环状的影像。当这种环状影像从冠部可见时，会极大地增加内含物的可见性，导致净度等级的下降。同一内含物形成的多个影像常常具有对称的特点，并且每个影像大小、形状完全相同。为了准确判断究竟是钻石存在多个内含物还是影像的作用，可以使目光垂直一个亭部刻面进行观察，消除其他刻面形成的影像的干扰，从而判断包裹体的数量。

3. 区别内含物和表面灰尘

钻石具有亲油性的特点，表面容易吸附灰尘。所以在观察净度特征时，要把钻石清洗干净。当钻石净度较高时，要注意表面灰尘和近表面的针尖状小内含物的区别。可以把钻石浸入酒精溶液中漂洗干净后取出，趁钻石沾附的酒精未挥发时观察，因为酒精能够减弱钻石表面反光的影响。如果是表面灰尘，就会漂浮在酒精的上面，由此将它与钻石近表面的细小针尖区分开来。此外，还可以调整观察角度，使观察位置的表面形成反射光，通过反射光能够判断观察对象是否是表面灰尘。

4. 处理钻石的净度分级

为了提高钻石的净度或改善钻石的外观，常用激光钻孔和裂隙充填两种处理方法。对经过这两种方法处理的钻石，在净度评价时要区别对待。

（1）激光钻孔处理钻石净度分级　激光钻孔的识别特征是呈白色的管道和与之连通的、在表面上的激光孔入口。激光钻孔是为了消除钻石内部深色的包裹体，通常从邻近深色包裹体的表面，用激光打一个通道到达该包裹体，用强酸煮沸溶去深色包裹体。被除去的深色包裹体会留下白色的空穴，评价时，以除包裹体后形成的激光通道和白色空洞作为钻石净度分级的内部特征来看待，参与净度等级的评定。同时还要在钻石分级证书中，汪明该钻石是经过激光钻孔处理。钻石经激光钻孔处理，一般不会提高净度等级，但能改善钻石的外观，使之更易于销售。

（2）裂隙充填处理钻石净度分级 裂隙充填是近20年来发展起来的一项以改善钻石净度为目的处理方法。其原理是在钻石的开放性裂隙中，充填折射率极高的材料，如高折射率的玻璃，使原有的裂隙不容易被观察到，外观净度可以提高1～3个等级。被处理的钻石，通常都是P_1等级以下的钻石。由于这种处理的隐蔽性极强，充填以后的净度与处理之前差异很大，而且不易估计原来的净度等级。所以，国内外的钻石分级标准，都规定不对这种裂隙充填处理钻石作"4C"分级评价。

裂隙充填处理钻石最明显的识别特征是闪光效应，即被充填的裂隙呈现紫色、蓝色、绿色、黄色、红色等色彩，色彩的深浅不一，多为浅色，并沿裂隙展布，与钻石刻面闪烁的"火彩"不同。此外，经裂隙充填的钻石，整个带有朦胧的色调。所以说经充填之后，颜色也会有所改变，也不能做色级评价。

第四章

钻石的颜色分级

　　天然产出的钻石，绝大多数只带有很浅的黄、灰、褐色调，接近于无色。因此，在普通消费者的眼中，钻石是无色透明、晶莹剔透的。但是，对于专业人员来说，却要在看似无色的钻石中，区分出不同钻石之间存在的颜色深浅的微小差异，这就是钻石的颜色分级。宝石级钻石中，带有黄色色调的最多，这类钻石也被称为黄色系列或开普系列（Cape Series）钻石，是钻石颜色分级的主要对象。但是，在钻石贸易中，除了黄色系列的钻石以外，还有带褐色、灰色甚至绿色等色调的钻石，只要采取合适的方法，对这类钻石的颜色也可以进行分级。所以，概括地说，所有浅色的、近于无色的钻石，都是钻石颜色分级的对象。

第一节　钻石的颜色与级别

　　根据已切磨好的钻石所带有的颜色深浅程度，人为地划分出一系列的界线称为色级。每一色级代表一定的颜色浓度区间，色级越高，浓度区间越小，色级越低，浓度区间也相对较大。钻石的颜色越是浅淡，越是接近无色，越稀有，钻石的价值也就越高。随着钻石所带的色调加深，商业价值则逐渐下降。但是，当钻石的色调加深到一定的程度，变得醒目而鲜艳时，就成为非常漂亮、极为稀有的彩色钻石。彩色钻石的颜色评价是一项复杂的工作，需要特殊的技术设备，已不属"4C"评价的范围。与"4C"分级有关联的是确定彩色钻石与带色调钻石的界限。GIA 钻石分级标准中，设定有一粒代表黄色彩钻与带黄色调钻石分界的标准样石，即色级为 Z 的比色石，Z 比色石可以作为确定黄色彩钻的界限，但不适合其他颜色的彩色钻石。其他的钻石分级标准中没有相应的规定。

钻石的颜色分级（Colour Grading），就是采用比色法，在规定的环境下对钻石颜色进行等级划分。利用确定的钻石颜色界点（比色石）作为参照物，判断待分级钻石所属的颜色区域，并利用该颜色区间所属色级，对待测钻石的颜色特征进行描述。

根据我国钻石分级国家标准（GB/T 16554—2010），未镶嵌钻石的颜色划分为12个级别，钻石颜色级别采用字母术语和数字术语两种描述方式（表4-1）。

表4-1 钻石颜色等级对照

钻石颜色级别（GB/T 16554—2010）		相应比色石的参考特征
D	100	D级：极白色以至略现水蓝色
E	99	E级：纯白色
F	98	F级：白色
G	97	G级：亭部和腰棱侧面几乎不显黄色调
H	96	H级：亭部和腰棱侧面显似有似无的黄色调
I	95	I级：亭部和腰棱侧面显极轻微的黄白色
J	94	J级：亭部和腰棱侧面轻微的黄白色，冠部极轻微的黄白色
K	93	K级：亭部和腰棱侧面显很浅的黄白色，冠部轻微的黄白色
L	92	L级：亭部和腰棱侧面显浅黄白色，冠部微黄白色
M	91	M级：亭部和腰棱侧面明显的浅黄白色，冠部浅黄白色
N	90	N级：任何角度观察钻石均带有明显的浅黄色
＜N	＜90	

世界各主要钻石分级机构，对钻石颜色分级标准没有本质的区别，欧洲的色级使用描述性的术语，含义与颜色现象接近，不具备专业知识的人也易于了解。GIA的色级术语非常简练，但很抽象。我国的《钻石分级》国家标准，规定了两种同样有效的色级术语，见表4-2。

表4-2 钻石色级一览

GIA	GB/T 16554—2010		CIBJO	IDC	HRD	Scan.D.N 1980	旧术语
D	D	100	Exceptional White+			Rarest White	Jager
E	E	99	Exceptional White				River
F	F	98	Rare White+			Rare White	Top Wesselton
G	G	97	Rare White				
H	H	96	White			White	Wesselton
I	I	95	Slightly Tinted White			Slightly Tinted White	Top Crystal
J	J	94					
K	K	93	Tinted White			Tinted White	Crystal
L	L	92					

续表

GIA	GB/T 16554—2010		CIBJO	IDC	HRD	Scan.D.N 1980	旧术语
M	M	91	Tinted Colour 1			Slightly Yellowish	Top Cape
N	N	90				Light Yellow	
O	<N	<90	Tinted Colour 2				Cape
P						Yellowish	Yellowish
Q			Tinted Colour 3			Yellowish	Light Yellow
R							
S-Z			Tinted Colour 4			Yellow	Yellow

注：1.CIBJO 和 IDC 标准规定，小于 0.47ct 的钻石不分 EW+ 和 RW+。

2. Scan.D.N 对于小于 0.47ct 的钻石采用简化色级。

3. 我国的钻石分级标准规则适用于重量大于等于 0.0400g（0.20ct）的未镶嵌抛光钻石。二种色级命名都有效。

    钻石的颜色，一方面可以影响到钻石的外观；另一方面还可反映钻石的稀有程度。越是无色的钻石，越是稀有。尽管在很接近于无色的钻石之间的色调差异，对钻石的外观已经没有实际的影响，但是仍然被划分成不同的级别，并且在价格上的差异，比带有较深色调的钻石更大。从拉帕波特钻石报价表（Rapaport Diamond Report）中可以看出，钻石的颜色与价格有着密切的关系，在其他 3 个 "C" 相同的条件下，颜色等级越高，价格就越高，每个色级的价格差在 10% ～ 45% 之间。高色级钻石的价差大于低色级钻石的价差，正是因为不同色级钻石价值上的巨大差异，所以要对钻石的颜色进行准确的等级划分。

第二节 钻石颜色分级的基本条件

    钻石的颜色分级是以目视比较为基础的，正常的视力能够分辨非常微小的颜色差异，甚至比精密的仪器更灵敏。虽然钻石颜色分级领域，已引进钻石色度仪、钻石光电仪等科学仪器，使用这些仪器来确定钻石的色级，在一定程度上避免了目视分级可能存在的主观因素的影响。但是，目前所有的钻石分级标准，仍然只承认传统的、利用比色石的目视分级方法。通过比较待分级的钻石样品与标准样品——比色石的颜色深浅的接近程度，确定钻石的色级。经过严格训练的钻石分级师，能对分级中所遇到的各种情况进行综合分析，借助比色石能够准确确定待测钻石的颜色级别。为避免主观因素对钻石色级造成的影响，《钻石分级》国家标准要求，由 2 ～ 3 名技术人员独立完成同一样品的颜色分级，并取得统一结果，以确保结论的准确性。

一、中性的实验室环境

颜色分级的环境，如实验室的墙壁、窗帘、地板、天花板、工作人员的衣服颜色、使用工具的颜色、从窗户入射的光线、其他灯光等，都会影响钻石颜色分级的准确性。钻石颜色分级应在无阳光直射的室内，整体必须是白色、黑色或灰色的环境中进行；实验室还要避免杂色光的照射，排除分级用光源外的其他光线；采用专用的比色灯、专用的白纸槽（比色纸，图4-1）、专用的白色塑料比色板或比色槽。

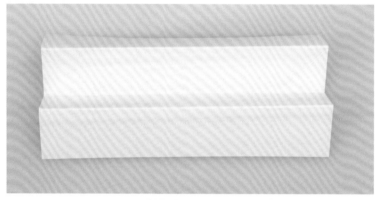

图4-1 钻石比色纸

二、标准的钻石比色灯

钻石比色灯（Diamond Light），是指用于钻石比色，并对照度、色温、显色指数具标准要求的荧光灯。钻石比色灯的照度范围为1200～2000Lux，色温范围为5500～7200K，显色指数在75以上，不含紫外光，荧光灯的发热量小，光线均匀柔和。其颜色也满足中性颜色的条件。

三、比色石

钻石比色石（Diamond Master-Stone Set），是一套已标定颜色级别的标准圆钻型切工钻石样品，依次代表由高至低连续的颜色级别，其级别可以溯源至钻石颜色分级比色石国家标准样品。每一粒比色石标明的是两个相邻色级的界限，每个色级都涵盖着某一颜色的范围。

1977年，世界钻石交易所联盟（WFDB）、国际钻石加工厂商协会（IDMA）和国际

金银珠宝首饰联盟（CIBJO），共同制定了国际钻石委员会（IDC）的标准比色石，是一套已标定颜色级别的标准圆钻型切工钻石样品，共有7粒，每粒重量在1ct以上，颜色依次代表由高EW+（D）至低TW（M-R），分别代表各色级的下限。目前，这套标样保存在HRD的证书部。美国GIA保存有一套D-Z色，共23粒比色石，每一粒分别代表的是各色级的上限。我国《钻石分级》国家标准规定，比色石的级别代表该颜色级别的下限。

作为比色石的标样，必须达到下列的要求。

（1）颜色　比色石不得带有除黄色以外的色调。

（2）净度　比色石不得含带有颜色的及肉眼易见的内含物，其净度等级应在SI_1以上。

（3）切工　标准圆钻型切工，切工比率级别在"好"范围之内，腰围条件为粗面腰棱。

（4）重量　大小均匀，同一套比色石的重量差异不得大于0.10ct。比色石重量不应小于0.25ct。

（5）荧光　比色石的荧光强度应该为弱或无。

（6）标定　比色石必须进行严格的色度标定，并位于所要求的色级界限上或某种统一的位置上。

合格的比色石是由世界权威的钻石分级机构，如GIA、HRD等根据其比色石的原始标样，经严格审核挑选出来的。但必须注意的是，不同机构出具的比色石所代表的色级位置不同。GIA的每粒比色石代表每一色级的上限，比色石从E开始；HRD、CIBJO的每粒比色石代表每一色级的下限，比色石从EW+（D）开始。即与GIA第一粒比色石颜色相等的钻石属于E色级，而与CIBJO第一粒比色石颜色相等的钻石为D色级（图4-2）。

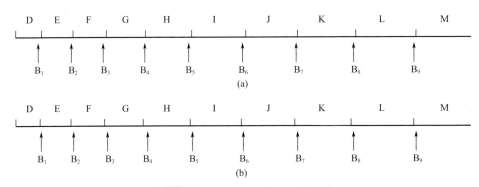

图4-2　比色石在色级中的位置示意图

（a）位于色级下限的比色石系列CIBJO比色石；（b）位于色级上限的比色石系列GIA比色石

不同机构对比色石的数量要求不同，我国国家标准规定钻石颜色共分为12级，应该有11粒比色石，实际工作中，比色石的数量常常根据工作需要进行调整或简化。用这种简化的比色石进行颜色分级，会降低颜色级别的实际准确性（图4-3）。

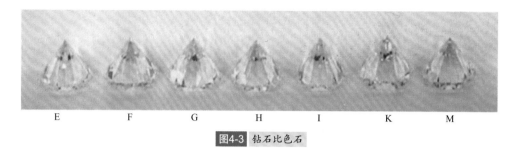

E　　F　　G　　H　　I　　K　　M

图4-3　钻石比色石

第三节 钻石的颜色分级实践

一、准备工作

检查比色灯、环境是否符合要求，镊子、比色纸、比色板、钻石布等用具是否洁净，将待测钻石浸入酒精溶液清洗干净，测量、观察并记录待比色钻石的大小和重量，描述其净度特征，以免待比色钻石与比色石混淆。这里特别需要注意的是，不可用手拿取钻石和比色石，一定要用镊子夹取。

二、检查比色石

检查比色石表面是否干净。将比色石按色级从高到低的顺序，台面向下自左向右等间距依次排列在比色板或折成"V"形的比色纸槽缝上，比色石之间相互间隔1～2cm，把排列好的比色石放在比色灯下，与比色灯管距离10～20cm，视线平行比色石的腰棱或者垂直比色石的亭部观察比色石，识别颜色由浅至深的变化，确保无顺序排列的错误。

三、将待测钻石与比色石比较

对于标准圆钻型切工的钻石，钻石比色的最佳观察位置是颜色集中的部位，即底尖和腰棱的两侧（图4-4），比色时要把此位置作为颜色比较的重点。钻石颜色的明显程度还与观察视线的方向有关，平行腰棱的视线会看到更多的颜色集中区，此时观察钻石底尖和腰棱两侧时，容易辨别钻石的颜色及颜色的深浅程度；垂直亭部的视线，看到的颜色集中区较小，这时，以观察亭部中央不带反光的透明区域作为比色部位（图4-5）。

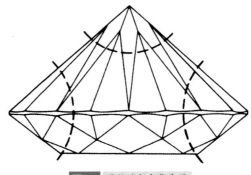

图4-4 圆钻的颜色集中区

圆钻的亭部、底尖部位和腰棱两侧（虚线范围）是最显色的部位

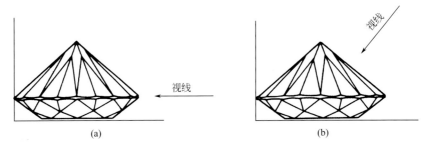

图4-5 比色观察的两种最常用的方向

（a）视线平行腰棱观察钻石亭部附近和腰棱两侧的颜色集中区，但可能受反光与火彩的干扰；

（b）视线垂直亭部刻面观察钻石中央无反光和火彩的透明区域，有利于消除色调的影响，但颜色较浅淡，受钻石大小的影响

  把待分级的钻石放在与其色级相近的两粒比色石之间，并与左右相邻的两粒比色石进行仔细地观察比较，若其颜色比低色级比色石深，则向右移一格进行比色，若颜色比高色级比色石颜色浅，则向左移一格进行比色。调整待分级钻石的比色区间，使其位于比高色级比色石深，比低色级比色石浅的位置。

  观察钻石颜色时，表面反光对钻石的颜色观察有很强的干扰。为消除表面反光，可以对比色石和待分级钻石进行呵气，钻石表面会因呵气形成一层薄薄的水雾，水雾消散的瞬间钻石的反光不明显，是比色的最佳时机。

四、判定钻石色级

  判定钻石色级之前，必须先了解比色石位于所代表的色级的位置，是上限位置（如GIA比色石），还是下限（如CIBJO比色石）位置。不同的比色石系列，使用时要注意不同色级的判别规则，当确定待测钻石的颜色介于两相邻的比色石之间时：①位于色级上

限的比色石，被测钻石与其左边，即色级较高的比色石同一色级；②位于色级下限的比色石，被测钻石与其右边，即色级较低的比色石同一色级。

我国的钻石分级标准采用与CIBJO相同的规则，即比色石位于色级的下限。钻石颜色划分规则如下。

①当待分级钻石的颜色饱和度与标准比色石中某一粒相同时，则该钻石的颜色即为这一粒标准比色石的颜色级别。

②当待分级钻石的颜色饱和度介于两粒标准比色石之间时，则以两者之中较低色级定为待分级钻石的颜色级别。

③如待分级钻石颜色饱和度高于比色石中最高级别，则仍用最高级别表示该钻石的颜色级别。

④如待分级钻石颜色饱和度低于"N"比色石，则用＜N表示。

⑤灰色调至褐色调的待分级钻石，以其颜色饱和度与比色石比较，参照上述①～④进行分级。

五、检查钻石

检查待分级钻石，确定没有与比色石混淆，记录比色结果，确定钻石的颜色等级。

第四节　钻石颜色分级常见问题

钻石颜色分级是带有主观性的判断，要做到判断能够更符合样品的实际特征需要大量的实践经验。在实际分级工作中还会碰到一些具体的问题，在此提出一些解决的办法。

一、视觉疲劳

钻石比色常常会遇到视觉疲劳的问题，无论是初学者还是分级师，当进行了一定时间的比色之后，仍无法判断钻石的色级归属时，眼睛就需要休息一会儿。长时间的反复观察和比色得出的色级，并不比快速比较作出的结论更可靠。实际上，最初的颜色感觉，比长时间观察后得出的结论更准确。

二、待测钻石与比色石大小不同的比色操作

钻石的大小对颜色的识别有很大的影响。同一色级的钻石越大，颜色越深。比色石

的大小，也是影响颜色分级准确性的一个重要方面，要根据待测样品的大小来选择；待测钻石与比色石的大小越接近，比色也越容易，比色结果越准确。通常，0.30ct左右的比色石适用于1.5ct以下的钻石，0.70ct的比色石适用于0.50～3ct的钻石。

当待测钻石与比色石大小相差较大时，可以通过比较亭尖部位，且钻石与比色石比色的区域大小相同，同时辅助以呵气消除表面反光和刻面反射的影响。此外，还可以比较小钻腰棱部位与大钻腰棱以上、底尖以下相应位置；或比较台面与比色板接触的位置，此位置受钻石大小的影响较小。

三、带杂色调钻石的比色操作

比色石的色调变化是从无色到浅黄色，而待分级钻石常常可能具有褐色、灰色或其他色调。钻石比色是对颜色浓度的判定，不是对颜色色调的比较，所以，带杂色调钻石进行比色时不考虑色调，只对颜色浓度进行比较。但是，浓度相同的不同色调其明显程度不同，比色过程中应该注意杂色调对比色结果的影响。与黄色色调相比，具有同样浓度的褐色色调更明显一些，所以带褐色色调的钻石容易判定为较实际色级低的色级；而浅灰色色调较黄色色调不明显，所以带浅灰色色调的钻石容易判定为较实际色级高的色级。在比色时，一定要特别注意。

采用透射光比色法，有利于消除或减弱不同色调对颜色分级准确性的影响。具体做法是：把光源放在比色槽的后面，光线透过比色槽后强度减弱，从垂直亭部的方位观察，透过待分级钻石和比色石的柔和光线，可以看到二者的颜色几乎消失，此时可以比较待分级钻石和比色石显示的"灰度"（即颜色浓度），通过"灰度"比较，找出钻石样品的色级区间，确定色级（图4-6）。

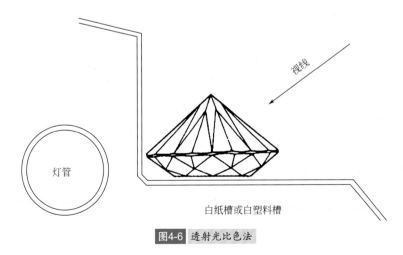

图4-6 透射光比色法

四、钻石颜色深浅不同的钻石的比色操作

有的钻石可能出现在不同的方向呈现出颜色深浅不一致的现象。在这种情况下，一颗钻石的色级就会有所不同，通常取平均色级，即取最高色级和最低色级的平均作为该钻石的色级。

五、带色内含物钻石的比色操作

带色内含物，如充填裂隙、黑色或深色包裹体等，会对钻石的颜色产生一定的影响。这些内含物是净度特征，在比色时，要排除内含物的影响，选择不受内含物影响的部位和方向进行比色。

六、花式钻石的比色操作

比色石是标准圆钻型，与标准圆钻型相比，异型钻石因琢型不同，光线在钻石内部的反射路径和方式不同，异型钻石的颜色集中区也不同于标准圆钻型，所以异型钻石的色级判断比较困难。异型钻石腰棱的尖端部位颜色最为集中，另外异型钻石腰棱特别厚的部位，如心形明亮型钻石的切口，颜色也比较深，通常而言，这些位置都不适合比色（图4-7）。各种变形的明亮型钻石，亭尖部位是最佳的比色位置。各种阶梯型钻石，如祖母绿型钻石，其颜色较实际色级感觉要浅一些，只有在对角线方向上，阶梯型钻石的光线反射才与标准圆钻型钻石相似，所以对角线方向才是阶梯型钻石比色的最佳方位。异型钻石的款式和品类很多，比色时总的原则是尽量选择异型钻石的刻面分布与比色石相似的部位或方向进行比较。

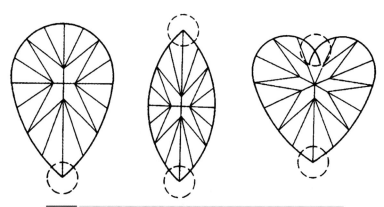

图4-7 异型钻石的颜色集中区和不合适比色的位置（虚线范围）

此外，还可以从不同方向上对异型钻石与比色石进行颜色比较，并把每个方向上的结果都记录下来，最后取平均色级为该异型钻石的色级。这种取色级平均值的方法，特别适用于长宽比大于1的异型钻石。

七、切工欠佳的标准圆钻型钻石的比色操作

若待分级钻石的切工比例欠佳，比例偏离标准较大，会造成某些位置颜色显得较深或较浅，则有可能影响比色的准确性。在这种情况下，采用与花式钻石比色一样的原则：对比最相似的部位。亭部比例与比色石相比差别较大，如亭部过浅（鱼眼效应）的钻石比同色级切工标准的钻石看起来颜色要浅；相反亭部过深（黑底效应）的钻石看起来颜色要深，底尖就不是好的比色区域，而要选择腰棱两侧来做比较。若待分级钻石的冠部比例或腰棱厚度与比色石相比差别较大，则应该选择亭尖部位或亭部中央部位进行比色。

八、镶嵌钻石的比色操作

镶嵌的钻石其颜色会受到金属托架的影响，黄金的黄色会使钻石显得更黄，铂金或K白金会使钻石显得更白。如果围镶其他有色宝石，钻石颜色也会受影响。如黄金或围镶的小颗粒黄色宝石，使H色级以上的钻石稍低于实际色级。铂金或K白金围镶或迫镶的J色级以下的低色级钻石，稍高于实际色级。在围镶的小颗粒蓝色宝石的衬托下，低色级钻石稍高于实际色级。因此，即使使用标准的比色石，也不可能对镶嵌的钻石，进行很精确的颜色分级。

对镶嵌钻石进行比色时，要采取一定的措施。对爪镶的钻石，用镊子或宝石爪夹住比色石与待测钻石台面相对，在比色灯下，比较两粒钻石的相同部位，通常是腰棱附近的颜色深度，由此判断颜色级别（图4-8）。

图4-8 镶嵌钻石的比色

《钻石分级》国家标准（GB/T 16554—2010），对镶嵌钻石的色级划分，共分7个等级（表4-3）。需要特别注意的是，镶嵌钻石颜色分级应考虑金属托对钻石颜色的影响，注意加以修正。

表4-3　镶嵌钻石颜色等级对照

镶嵌钻石颜色等级	D-E		F-G		H	I-J		K-L		M-N		＜N
未镶嵌钻石颜色等级	D	E	F	G	H	I	J	K	L	M	N	＜N

第五节 钻石的荧光分级

钻石在紫外光照射下发光的性质，称为紫外荧光（Fluorescence，简称荧光）。自然界约有半数以上的钻石会发荧光，其中最常见的荧光颜色是蓝白色（图4-9）。此外，还有黄色、黄绿色、橙红色、粉红色、绿色等。钻石荧光的强弱也会有很大差异，特别是蓝白色荧光，强的蓝白色荧光，会掩盖钻石的黄色体色，并使钻石在日光下呈蓝白色。宝石检测中，常用的紫外荧光灯（图4-10），具有波长为365nm的长波紫外光和波长为254nm的短波紫外光。钻石分级中的荧光强度检测，是指长波紫外光下的荧光强度及色调的认定。

CIBJO钻石分级标准，设置有3粒荧光强度为强、中、弱的荧光强度标准样石，把钻石荧光强度分为强、中、弱和无4个等级。GIA则把荧光分成极强、强、中、弱和无5个等级，并设置2粒区分强与中、中与弱分界的标准样石。

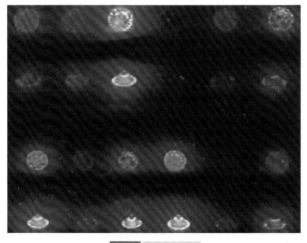

图4-9 钻石的荧光

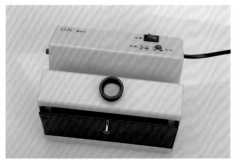

图4-10 紫外荧光灯

我国《钻石分级》国家标准（GB/T 16554—2010），设置有3粒荧光强度为强、中、弱的标准样石，钻石荧光强度分为4个等级，即强、中、弱、无。在钻石分级报告的相应栏目或备注中，记录荧光的强度和荧光的颜色。荧光强度级别划分规则如下。

① 待分级钻石的荧光强度与荧光强度比对样品中的某一粒相同，则该样品的荧光强度级别为待分级钻石的荧光强度级别。

② 待分级钻石的荧光强度介于相邻的两粒比对样品之间，则以较低级别代表该钻石的荧光强度级别。

③ 待分级钻石的荧光强度高于比对样品中的"强"，仍用"强"代表该钻石的荧光强度级别。

④ 待分级钻石的荧光强度低于比对样品中的"弱"，则用"无"代表该钻石的荧光强度级别。

钻石荧光分级的意义：钻石具有中等强度以上的紫外荧光，在日光下观察的色级可能与真实的色级不同，如果钻石发蓝白色荧光，会增加颜色的白度，提高色级。如果钻石发黄色荧光，又会降低其色级。但是H色以上的钻石过强的蓝白色荧光，常常使钻石产生奶白色或"油雾钻"外观，会使钻石的透明度降低，由此降低净度级别。

第六节 彩色钻石分级简介

彩色钻石是指天然形成的具有清晰的特征色调的钻石。彩色钻石不仅色彩艳丽，而且也更加稀少，具有更高的商业价值。钻石之所以呈现不同的颜色，是因为钻石在形成过程中，含微量元素不同和内部晶体结构变形所致。

随着钻石资源的不断开发利用，市场上的彩色钻石也越来越多。钻石颜色越稀有、颜色等级越高，价值就越高；颜色越浓、饱和度越高，价值也就越高。GIA和HRD在彩色钻石分级方面，都提出了相应的分级方法。GIA 的彩色钻石分级方法，简要介绍如下。

彩色钻石的分级条件要求非常严格，实验室通常采用国际照明委员会（Commission Internationale de l'Eclairage，CIE）的标准光源 D65，在中性的环境中，以《蒙塞尔颜色图册》为参照物，将彩色钻石台面向上进行比色，比色时视线应垂直于台面或冠部刻面。

一、彩色钻石的颜色三要素

彩色钻石的颜色可用色彩（Hue）、明度（或亮度）（Lightness）、彩度（Chroma）三个颜色要素来表示。

（1）色彩　人的肉眼可见的光谱色，包括红、橙、黄、绿、蓝、紫。自然界产出的彩色钻石颜色单一的是极其罕见的，绝大多数是以某一色彩为主。根据彩色钻石的颜色特征，主要有红、粉红、橙、黄、绿、蓝、紫褐、灰、黑等主色彩，彩色钻石中或多或少会带有其他次要的色彩。描述时以次要色彩在前，主要色彩在后，例如一粒微褐的黄色（Brownish Yellow）钻石，黄色是主色，褐色是次要色。

（2）明度（或亮度）　指色彩的明暗程度。彩钻的明度可分为 7 个等级，分别为白（White）、明亮（Brilliant）、亮（Light）、中等（Medium）、深（Deep）、暗（Dark）和黑（Black），其中白和黑只用于中性色本身，其他 5 个明度等级，可用于彩色钻石的颜色描述。

（3）彩度　指颜色的饱和度，即颜色的浓淡。彩色钻石的彩度可分为 4 个等级，随着颜色彩度的增加分为浅（Light）、彩（Fancy）、浓（Intense）和艳（Vivid）。

二、彩色钻石的颜色分级

GIA 在制定彩色钻石颜色评定系统的颜色级别名称时，将明度和彩度合在一起，每一明度和彩度区域指定一个颜色级别名称，依次分为 9 个颜色级别。

（1）Faint　淡，极浅，表示亮度极高，饱和度极低。

（2）Very Light　很浅，表示亮度很高，饱和度低。

（3）Light　浅，表示亮度高，饱和度较低。

（4）Fancy Light　浅彩，表示亮度较高，饱和度较低。

（5）Fancy　彩，中彩，表示亮度中等，饱和度适中。

（6）Fancy Intense　浓彩，表示亮度中等，饱和度较高。

（7）Fancy Vivid　艳彩，表示亮度中等，饱和度高。

（8）Fancy Deep　深彩，表示亮度低，饱和度中 - 高。

（9）Fancy Dark　暗彩，表示亮度较低，饱和度低-中等。

各种不同颜色的彩色钻石，见图4-11。

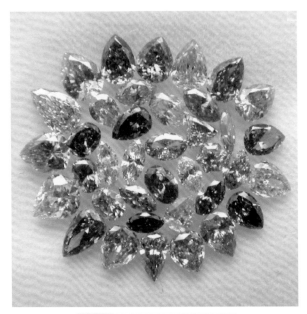

图4-11　各种不同颜色的彩色钻石

红色钻石：呈粉红色、红色。钻石在形成过程中，晶格结构扭曲，而使钻石呈现红色（图4-12～图4-15）。

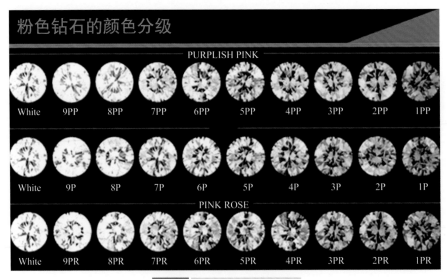

图4-12　粉红色钻石的颜色分级

图4-13 粉红色钻石

图4-14 粉红色钻石戒指

黄色钻石：呈浅黄、黄、金黄色。钻石在形成过程中，氮原子取代钻石晶体中的某些碳原子（每一百万个碳原子中，有一百个被取代），从而吸收蓝、紫色光线，因而使钻石呈现黄色。黄色钻石是所有彩色钻石中出现最多的（图4-16～图4-18）。

蓝色钻石：呈淡蓝色、艳蓝色。钻石在形成过程中，含微量硼元素，钻石便呈现蓝色（图4-19～图4-21）。

黑色钻石：呈黑色和灰黑色。钻石在形成过程中，内部含有大量黑色的内含物所致（图4-22）。

图4-15 Hancock红色钻石

黄钻颜色等级

| Lime (Grade4) | Lime (Grade5) | Vanilla | Yellow (Grade4) |
| Canary (Grade3) | Canary (Grade3) | Canary (Grade2) | Canary (Grade1) |

图4-16 黄色钻石的颜色分级

图4-17 黄色钻石

图4-18 黄色钻石戒指

图4-19 蓝色钻石

图4-21 不同琢型的蓝色钻石

图4-20 蓝色钻石

图4-22 黑色钻石

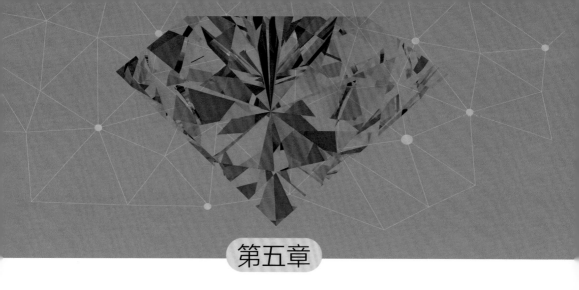

第五章

钻石的切工分级

切工是指按设计要求对钻石进行切割和琢磨，生产出理想的钻石制品的整个工艺技术过程的总称。在"4C"分级中，它是唯一的一个由人工因素控制和决定的对钻石质量进行评价的要素。钻石只有经过切磨加工之后，才能将钻石的内在美——亮光、火彩和闪烁，最大程度地展现出来。切工对钻石非常重要，一颗钻石原石，只有经过精心设计、耐心劈锯、细心抛磨，才可能成为一颗光彩夺目的成品钻。无论什么琢型，切工的优劣均可通过亮光、火彩和闪烁效应的强弱表现出来。而亮光、火彩和闪烁效应的强弱，是由钻石琢型各部分的比例、修饰度和抛光质量决定的。切工的优劣，比其他要素更加直接地影响到钻石的外观，会直接关系到钻石火彩、闪烁的程度。优良切工的钻石，可将钻石特有的金刚光泽和彩虹般闪耀的光芒，呈现出来。而切工不好的钻石，就会使人感觉到亮度和火彩不足，钻石显得呆板、没光彩，甚至还会出现"黑底"或"鱼眼"现象，钻石的价值将会大打折扣。在其他条件相同的情况下，由于切工的差异，一颗钻石的价格可能上下浮动30%左右。

钻石的切工分级（Cut Grading），就是对已切磨好的钻石的各部分比例、修饰度和抛光质量作出评价，是钻石"4C"分级中最复杂的一个因素。

第一节 钻石的亮度、火彩和闪烁

一、亮度

亮度（Brilliance）也称亮光，是指从冠部观察时看到的由于钻石刻面反射而导致的明亮程度，由表面亮度和内部亮度组成，即钻石表面反射和内部反射出的白光。钻石表面的反射（外部亮度）又称光泽，与钻石的折射率和抛光质量有关。折射率高并经过良好抛光的宝石显示强光泽。表面不光滑，照到钻石表面的光产生漫反射，光泽会减弱。钻石的折射率为2.417，因此，具有很强的金刚光泽。内部亮度，主要是亭部刻面的全反射，是钻石亮度的重要组成部分，取决于钻石的切工比例和透明度。钻石内部亮度产生的原理，见图5-1。

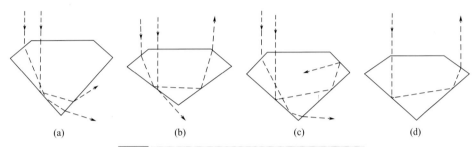

图5-1 钻石各主要刻面的角度对产生内部亮光的影响

（a）亭角过大；（b）亭角太小亭部过浅；（c）冠角不合适；（d）冠角、亭角合适产生好的内部亮光

从几何光学可知，当光线从光密介质（折射率较大的媒质）进入光疏介质（折射率较小的媒质）时，光线偏离法线折射，这时的折射角大于入射角。当入射角增加到折射线沿两介质之间的分界面通过时，即折射角达到90°，这时的入射角称为临界角，钻石的临界角是26°24′。如果入射角大于临界角，光线将发生全内反射，并遵循反射定律，留在光密介质中。适当的钻石亭部刻面角度，可以使从钻石冠部进入内部的入射光，经过亭部刻面多次全内反射后再次从冠部射出，就能产生强烈的内部亮光，从而使钻石熠熠生辉。相比之下，切工比例不合适时，钻石就会产生"漏光"观象，即入射光从亭部刻面折射出去，这时钻石会给人以呆板、有暗域的感觉。亭角过大、亭角太小、亭部过浅、冠角不合适，都会产生"漏光"现象。只有切工达到合适的比例，才会产生好的内部亮光。

二、火彩

火彩（Fire）是钻石反射出的有颜色的光。色散指的是白光通过透明物体的倾斜面时，被分解成不同波长的单色光组成的连续光谱，由此形成光谱色的现象，又被称为"火彩"。一种材料色散作用的大小，是用特定波长的蓝光（430.8nm）与红光（686.7nm）折射率的差值来表示的，这种差值称为色散率。色散率越大的宝石，色散作用越强，其火彩也越强；钻石的色散值为0.044，是强色散的宝石，所以钻石有强的火彩。

当一束白光垂直照射在台面上时［图5-2（a）］，其入射角等于0，根据折射定律，紫光和红光的折射角都等于0，白光在台面上不会发生色散作用；但当进入到钻石内部亭部刻面上后，经刻面的全反射，再通过冠部的倾斜刻面折射出去，这时白光的入射角不等于0，且与冠部小面的倾角有关，倾角越大，入射角也将越大。这一入射角也是紫光和红光的入射角，两色光的入射角虽然相等，但由于两色光的折射率不同，各自的折射角也就不同，由此形成火彩，两色光的折射角的差异还随着入射角的增大而增大，色散作用也增强，火彩也就越明显。其他方向照射到钻石的光线，也会发生色散作用，只不过这种色散作用要弱很多［图5-2（b）］。

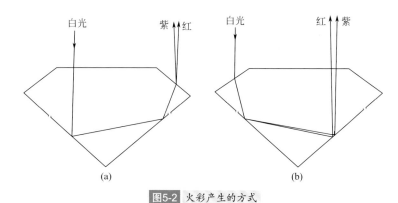

图5-2 火彩产生的方式

（a）主要方式白光垂直台面入射；（b）火彩产生的另一种方式

只有当光线垂直台面照射时，冠部小刻面产生的火彩才是最强的，其火彩强弱受到台面和冠部小刻面的相对大小，以及冠部角度大小的影响。显然，钻石的切工比例不同，所显现的火彩的强度就不一样。圆明亮式琢型钻石台面比例越小，倾斜小面所占的面积就越大，火彩就越强，但台面小到一定程度，火彩不再加强，若再小，不仅亮光受损，火彩也要受损。通常，较小的台面能产生较强的火彩，但会损失一些亮度；而较大的台面能产生较大的亮度，但会损失一些火彩（图5-3）。所以，火彩和亮度互为消长，没有任何一种琢型钻石的火彩和亮度能同时达到最大值。

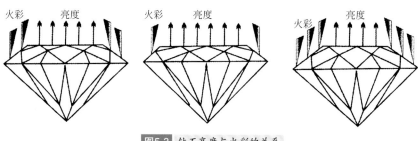

图5-3 钻石亮度与火彩的关系

因此，不同的国家和地区在针对不同切工比例的钻石时，由于对火彩和亮度的喜好不同，会出现各自认同的"理想比例"。这些比例的差异之一，就在于台面和冠部小刻面的相对大小，以及冠部角度大小的变化。

切工的优劣，对钻石的颜色、净度、重量等都将产生很大的影响。好的切工，可以使外形、大小、各部分比例、切割角度、对称性、颜色、光学效果、重量等各方面，都达到理想的要求，使透过钻石的光线发生全内反射，从钻石的顶部散出，"火彩"最好（图5-4）。

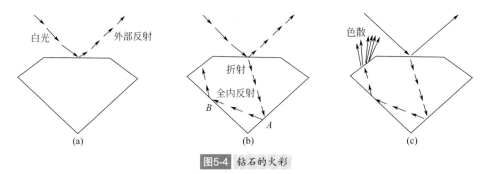

图5-4 钻石的火彩

（a）当一束光线照射到一颗钻石的表面，一部分光线将反射回观察者的眼中，称外部反射；（b）穿过钻石折射进入钻石内部的光线，称为折射，光线在钻石内部到达钻石面上的*A*点和*B*点，称为内反射；（c）光线反射到钻石表面，在那里进一步分解成光谱色即色散即火彩

三、闪烁

闪烁（Sparkle）是指当钻石、或光源、或观察的角度变化时，钻石的刻面对光源的反射，而发生明暗交替变化的现象。闪烁的效果，与刻面的大小和数量有关。如果刻面太小，肉眼无法分辨出各个刻面，就看不出闪烁的效应。例如，如果钻石很小（小于1分），磨成57个刻面的圆明亮式琢型，其闪烁效应反而不如磨成16个刻面的简化琢型好。另一方面，如果钻石很大，标准的57个刻面琢型就可能显得单调，闪烁效果也不佳。所以，有些大钻石的刻面，可达100多个。此外，刻面的排列和角度也很重要。合理的刻面排列和准确的角度，可以使刻面能准确地反射光线，并使观察者能观察到大多数的反光。

第二节 钻石的琢型及切工评价的内容和方法

一、钻石的琢型

钻石被切磨加工成的形状称为钻石的琢型，即成品钻石的款式。通常包括两个要素：

第一，是垂直台面观察到的钻石腰棱轮廓的几何形状，例如圆形、心形、橄榄形等；第二，是钻石刻面的几何形状及其排列方式，主要包括明亮型（Brilliant）、阶梯型（Step）和混合型（Mixed）。明亮型钻石的刻面以三角形、菱形为主，且亭部以底尖为中心向外作放射状排列；阶梯型钻石的刻面则以梯形、长方形、三角形为主，一层层彼此平行地排列在腰棱的上下两边；若同时具有明亮型和阶梯型的特点，则称为混合型。

钻石最常见的琢型是圆明亮式琢型（Round Brilliant Cut）又称标准圆钻型（图5-5、图5-6）。

图5-5 圆明亮式琢型的钻石

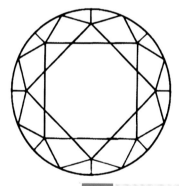
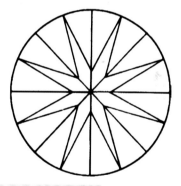

图5-6 圆明亮式琢型钻石及冠部、亭部投影图

二、圆明亮式琢型钻石切工评价的内容和方法

1. 圆明亮式琢型

最佳的明亮度，是现代钻石切磨所追求的目标。影响钻石明亮度效果的因素，一方面是钻石本身的物理性质，如高折射率、高色散、高硬度等；另一个重要的因素则是钻

石的切工，即切工评价的内容。切工评价是通过测量和观察，从比率和修饰度两个方面对钻石加工工艺完美性进行等级划分。圆明亮式琢型又称标准圆钻型，由冠部（Crown）、腰部（Girdle）和亭部（Pavilion）三个部分组成，共57或58个面（图5-7）。此外，还有冠部角和亭部角。冠部角（冠角，Crown Angle），指冠部主刻面与腰部水平面的夹角。亭部角（亭角，Pavilion Angle）。指亭部主刻面与腰部水平面的夹角。

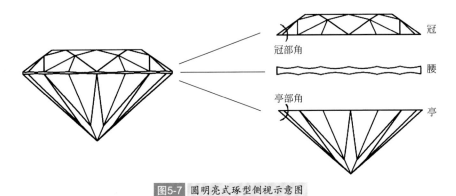

图5-7 圆明亮式琢型侧视示意图

冠部共有33个刻面，亭部共有24个或25个刻面（图5-8）。

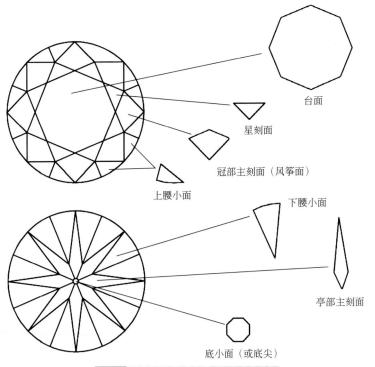

图5-8 圆明亮式琢型各刻面名称示意图

（1）台面（Table Facet） 冠部正八边形刻面，共1个。

（2）冠部主刻面（又称冠部主刻面、风筝面，Upper Main Facet） 冠部四边形刻面，共有8个。

（3）星刻面（星刻面，Star Facet） 冠部主刻面与台面之间的三角形刻面，共有8个。

（4）上腰小面（Upper Girdle Facet） 腰与冠部主刻面之间的似三角形刻面，共有16个。

（5）亭部主刻面（亭部主刻面，Pavilion Main Facet） 亭部四边形刻面，共有8个。

（6）下腰小面（Lower Girdle Facet） 腰与亭部主刻面之间的似三角形刻面，共有16个。

（7）底尖（底小面，Culet） 亭部主刻面的交汇处，呈点状或呈八边形小刻面，共有1个或无（钻石重量大于1ct，均有底小面）。

2. 圆明亮式琢型的比率

圆明亮式琢型钻石的比率，是指各部分的长度相对于腰棱平均直径的百分比（图5-9）。钻石切工的主要评价指标有：比率（包括台宽比、冠高比、腰厚比、亭深比、底尖比、全深比、星刻面长度比、下腰面长度比）和修饰度（包括刻面的对称性和抛光质量）。比率体现的是刻面的相对大小和角度，这是影响明亮度最重要的因素。

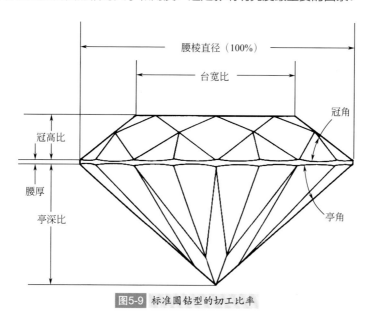

图5-9 标准圆钻型的切工比率

刻面的对称性，是光线按所设计的刻面角度进行反射和折射的保证，不良的对称性，会减弱明亮度。刻面的光洁度即抛光质量，也会严重影响钻石的明亮度。

（1）台宽比（Table Size） 指台面宽度相对于腰围平均直径的百分比。台面大小，指的是台面八边形对角线的距离（图5-10）。

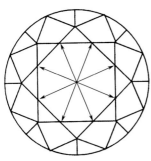

（2）冠高比（Crown Height）　冠部高度相对于腰围平均直径的百分比。通常不直接测量冠部高度，而是用冠部角度（冠角）的大小来代替冠高。

（3）腰厚比（Girdle Thickness）　腰棱厚度相对于腰围平均直径的百分比。腰部厚度，指的是上腰小面与下腰小面之间的最窄部位的厚度，共有16个位置，一般选最窄和最宽作为腰厚的范围。

图5-10 圆钻台面宽度示意

（4）亭深比（Pavilion Depth）　亭部高度相对于腰围平均直径的百分比。亭部高度，指的是下腰缘至底尖之间的距离。

（5）底尖比（Culet Size）　底小面宽度相对于腰围平均直径的百分比。

（6）全深比（Total Depth）　底尖到台面的垂直距离与腰平均直径的百分比。

（7）星刻面长度比（Star Facet Length）　星刻面顶点到台面边缘距离的水平投影（d_s）相对于台面边缘到腰边缘距离的水平投影（d_c）的百分比（图5-11）。

（8）下腰面长度比（Lower Girdle Facet Length）　相邻两个亭部主刻面的联结点到腰边缘上最近点之间距离的水平投影（d_l）相对于底尖中心到腰边缘距离的水平投影（d_p）的百分比（图5-11）。

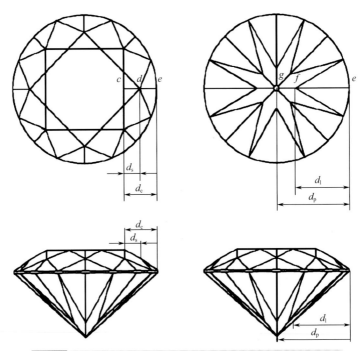

图5-11 星刻面长度比和下腰面长度比（据国标GB/T16554—2010）

确定了各个部分的比率，也就确定了各部分的相对大小和主要刻面的角度。如冠角由冠高比例和台面大小比率来确定；亭角可根据亭深比例来确定，并由此确定圆钻轮廓的几何形态，达到圆钻比率评价的目的。

3. 钻石切工评价的基本方法

钻石切工评价的基本方法，主要有两种，即目视法和仪器测量法。

（1）目视法　使用10倍放大镜，用眼睛直接估测圆钻的各部分比例。方便、直观、快捷。

（2）仪器测量法　使用钻石切工比例仪，对钻石各部分比例进行精确的测定。准确、快捷，但仪器不便于携带。

三、圆明亮式琢型钻石比率的评价标准

在圆明亮式琢型钻石的评价内容中，修饰度的评价争议性不大，争议的焦点主要集中在圆钻的比例上。如前所述，在圆钻的比例问题上，没有产生一个大家都认同的共同标准，在不同的国家和地区，钻石分级所执行的标准有所不同，因而出现了多个"理想琢型"。

1. 美国理想琢型

美国理想琢型（American Brilliant Cut），1919年，由现代圆明亮式琢型的奠基人——美国人曼塞尔·托克瓦斯基（Marcel Tolkowsky），根据光学原理经过数学计算设计而成。其标准比例为：台宽比53%，冠高比16.2%，冠角34°30′，亭深比43.1%，亭角40°45′［图5-12（a）］。

2. 实用完美琢型

实用完美琢型（Practical Fine Cut），由德国人艾普洛（W. F. Eppler），于1949年设计发明。其标准比例为：台宽比56%，冠高比14.4%，冠角33°10′，亭深比43.2%，亭角40°50′［图5-12（b）］。目前在欧洲，质量较好的钻石多加工成这种琢型。因此，这种琢型又被称为欧洲完美琢型（European Fine Cut）。

3. 国际钻石委员会琢型

国际钻石委员会琢型（IDC Cut），由国际钻石委员会设计推出。其标准比例为：台宽比56%～66%，冠高比11.0%～15.0%，冠角31°0′～37°0′，亭深比41.0%～45.0%，亭角39°40′～37°0′［图5-12（c）］。

4. 斯堪的纳维亚琢型

斯堪的纳维亚琢型（Scan.D.N.Cut），1970年，由斯堪的纳维亚钻石委员会设计推出。其标准比例为：台宽比57.5%，冠高比14.6%，冠角34°30′，亭深比43.1%，亭角40°50′[图5-12（d）]。

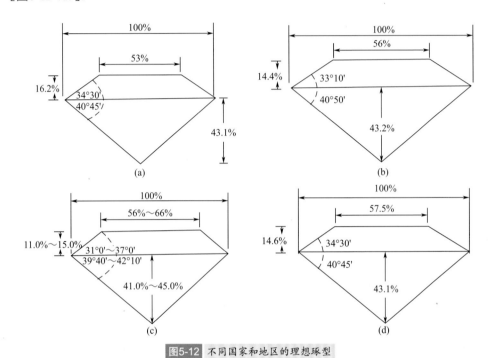

图5-12 不同国家和地区的理想琢型

（a）美国理想琢型；（b）实用完美琢型；（c）国际钻石委员会琢型；（d）斯堪的纳维亚琢型

由于上述各琢型的标准并不一致，导致了世界上不同钻石分级体系中，对切工评价的分歧是最多的。IDC、HRD切工比率的分级标准中，提出了很好、好、一般（或中等）、差的等级评价规则；GIA根据切工比率和修饰度，提出了1、2、3、4等级评价规则（表5-1）；CIBJO则没有类似的等级规定，倾向于描述钻石的比例和修饰度，但不评价。

表5-1 GIA圆钻比率分级标准

测量项目 级别	1	2	3	4
台宽比/%	53～60	61～64	65～75或51～52	>70或<51
冠角/（°）	34～35	32～34	30～32或37	>37或<30
腰厚比	中–稍厚	薄或厚	很薄或很厚	极薄或极厚
亭深比/%	43	42或44	41或45～46	>46或<41
底尖比	无-中	稍大	大	很大

圆钻的最佳比例，虽然没有取得一致的意见，但是，对差的比例却有共识。例如，亭部过浅的"鱼眼石"和亭部过深的"黑底石"，都是比例不好的典型例子。因为，这类琢型的钻石明亮度受到极大影响，在钻石评价时要在备注中予以注明。

第三节 确定标准圆钻比率的方法 Ⅰ——目视法

一、台宽比的评价

目估台宽比，有两种常用的方法。

1. 比率法（直接估测法）

台面直径定义为正八边形的内对角线，估测出内对角线的一半所占腰棱半径的比例，从而确定台宽比。

具体步骤是：视线垂直于台面，将底尖调整至腰围中心，把底尖、台面与冠部主刻面的接点，以及冠部主刻面与腰棱的接点，如图5-13中的A、B、C 3点，用一根想象的直线连接起来，然后目测台面的中心至台面边缘（AB）与台面边缘至腰围的距离（BC）的比值，即估计出台宽比（表5-2）。

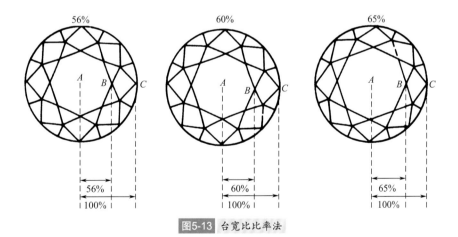

图5-13 台宽比比率法

表5-2 比率法测台宽比

$AB : BC$	1 : 1	1.12 : 1	1.25 : 1	1.5 : 1	1.75 : 1	2 : 1
台面百分比/%	54	57	60	65	70	72

比率法测台宽比的注意事项。

① 当台面偏心时，选择相对没有偏移或偏移较小的方向，即与偏心方向大致垂直的进行估测。

② 当底尖偏心时，可通过转动钻石，使底尖移至腰围中心（台面中心）进行估测。

2. 弧度法

圆钻的台面与星刻面本来不在一个平面内，但垂直台面观察时，可以看到台面和8个星刻面组成两个呈45°交错重叠的"正方形"（图5-14）。弧度法是根据这两个"正方形"的8条边的弧度大小来确定台宽比的。

图5-14 台面和星刻面构成的"正方形"示意图

具体步骤是：①视线垂直于台面，将底尖调整至腰围中央；②观察星刻面的高度与上腰小面的高度是不是1：1；③集中注意力观察"正方形"边的弧度大小，从而确定台宽比大小。当"正方形"边为直线时，说明台宽比为60%；当边稍有内弯时，台宽比约为58%；当边明显内弯时，台宽比约为54%；当边稍有外拱时，台宽比约为62%；当边明显外拱时，台宽比约为66%，依此类推（图5-15）。

弧度法测台宽比的注意事项。

① 如果星刻面的高度与上腰小面的高度不是1：1时，将会影响"正方形"的状况，要进行适当修正，否则将会得出错误的结论。例如，图5-16所示的三个具有明显不同弧度的"正方形"的台面，其台宽比是一样的。其中，（b）明显内弯，是由于星刻面的高度大于上腰小面的高度；（c）明显外拱，是由于星刻面的高度小于上腰小面的高度。所以，在使用弧度法时，一定要对星刻面和上腰小面的高度进行观察比较。当两者不等大时，根据两者的相对大小进行修正，参见表5-3。如果星刻面与上腰小面的大小比例介于上述的比例之间，则可采用内插法，取1%～5%的数值。

52%	54%	56%
58%	60%	62%
64%	66%	68%

图5-15 星刻面的高度与上腰小面的高度是1∶1时，不同台宽比的圆钻冠部投影图

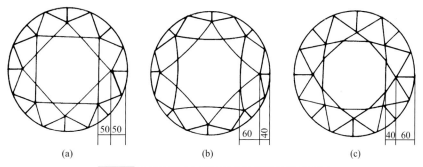

| (a) | (b) | (c) |

图5-16 星刻面与上腰小面的高度对台宽比的影响

表5-3　弧度法测台宽比修正值

星刻面高度:上腰小面高度	2:1	1.5:1	1:1.5	1:2
台宽比修正值	+6%	+3%	-3%	-6%

② 由于星刻面大小不均匀或台面偏移中心等对称性上的缺陷，造成"正方形"不同的边具有不同的弧度时，可采用对不同拱曲程度的边分别估测出相应的台宽比后，计算平均值，以平均值作为台宽比。

③ 观察时，视线一定要垂直于台面，且正好位于台面的中央，此时，底尖应在视域的中心。否则，也会造成上述"正方形"边出现不同程度拱曲的假象。

二、冠角的评价

冠角是冠部主刻面与腰棱平面的夹角，有两种常用的目测法，即正视法和侧视法。

1. 亭部主刻面影像法（又称正视法）

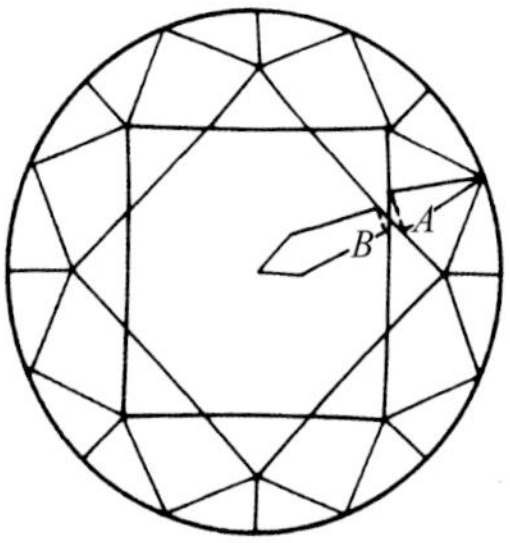

图5-17　亭部主刻面的影像被台面边线截断位置上的宽度（B）和它与冠部主刻面边线相交位置上的宽度（A）示意图

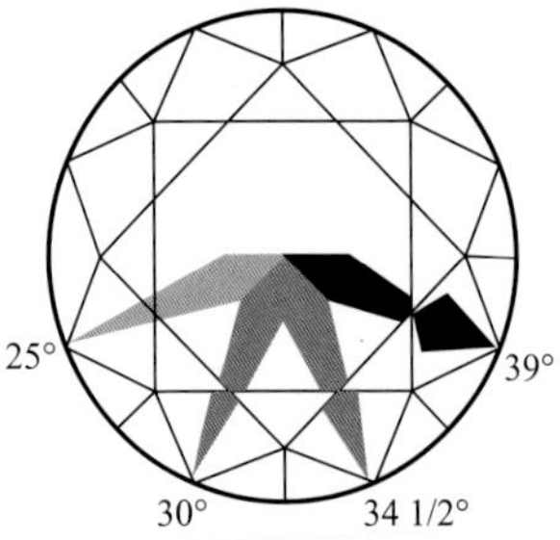

台宽比为60%

图5-18　正视法评估圆钻的冠角

钻石台面朝上放置，目测亭部主刻面在台面边缘的影像宽度与其在冠部主刻面边缘的影像宽度之比值，来估测冠角大小的方法。

具体步骤是：①正视钻石，透过台面，观察一个亭部主刻面的影像被台面边线截断位置上的宽度（图5-17中的B），接着观察同一亭部主刻面的影像与冠部主刻面边线相交的位置上的宽度（图5-17中的A）；②判断B与A的比值大小，从而估测出冠角的大小。冠部角越小，A与B的差异也越小，亭部主刻面的影像也越连续；冠部角越大，亭部主刻面的影像则越不连续。亭部主刻面影像法估测冠部角见表5-4。

表5-4　亭部主刻面影像法估测冠部角

B:A	1:1	1:1.2	1:1.75	1:2	1:2.25
冠角/(°)	25	30	32	34	36

当影像在冠部主刻面变成梭镖状时，冠角约为40°，此时可以产生"脱节现象"（图5-18），此现象的产生是因为冠角越大，冠部主刻面越陡，它对光线的偏折越强，使垂直于台面方向的光线经冠部主刻面折射后，更偏向亭部的底尖位置。

正视法估测冠角的注意事项。

① 要注意台宽比大小的影响（表5-5）。上述观察中的说明，其前提是钻石的台宽比为60%。当台面越小或亭部越深时，视线就越偏向底尖。例如，当台面大小比例为66%、冠角为30°时，就可以看到相当于台面大小比例为60%冠角为25°时的图像（图5-19）。

表5-5　冠高百分比与冠角及台宽比的关系

冠高比/% 冠角	台宽比/% 52	54	56	58	60	62	64	66	68	70
26°	11.7	11.2	10.7	10.2	9.8	9.3	8.8	8.3	7.8	7.3
28°	12.8	12.2	11.7	11.2	10.6	10.1	9.6	9.0	8.5	8.0
30°	13.8	13.3	12.7	12.1	11.5	11.0	10.4	9.8	9.2	8.7
32°	15.0	14.4	13.7	13.1	12.5	11.9	11.2	10.6	10.0	9.4
34°	16.2	15.5	14.8	14.2	13.5	12.8	12.1	11.5	10.8	10.1
36°	17.4	16.7	16.0	15.2	14.5	13.8	13.0	12.4	11.6	10.9
38°	18.8	18.0	17.2	16.4	15.6	14.8	14.1	13.3	12.5	11.7
40°	20.1	19.3	18.5	17.6	16.8	15.9	15.1	14.3	13.4	12.6

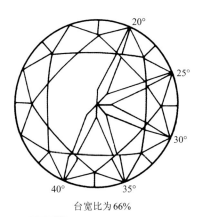

台宽比为66%

图5-19　正视法评估圆钻的冠角

② 由于对称性的缺陷，各个冠部主刻面的角度可能会有所不同，因而要多观察和估测几个冠角的数值，取其平均值。由于对称性的缺陷，还会引起亭部主刻面与冠部主刻面的错位，这时亭部主刻面的影像会偏离台面正八边形的角顶，并且与透过冠部主刻面观察的亭部主刻面影像错开，使得比较两边的宽度或大小较为困难（图5-20）。

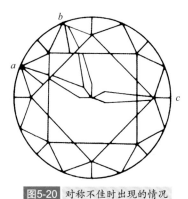

图5-20 对称不佳时出现的情况

a 与 b 可以依亭部主刻面的连续性判断冠角，而 c 亭部主刻面错位过大，不能评估，只能用侧视法

2. 侧视法

冠角侧视法，是用镊子垂直夹持钻石，在10倍放大镜下从侧面观察，估计冠部主刻面与腰棱平面所形成的角度大小。

具体步骤是：①把钻石台面朝下平放在工作台上，镊子垂直于台面夹住钻石的腰棱，并且要夹在亭部主刻面与腰棱相交的位置上，这个位置也是冠部主刻面与腰棱相接触的位置；②将钻石反转过来，使台面朝上，这时镊子与腰棱平面成90°，冠部主刻面正好形成圆钻侧面轮廓的边［图5-21（a）］；③想象着把直角平分成三等分，然后分析冠部主刻面与腰棱平面形成的角度，在整个90°角中的位置，从而估测出冠角的大小［图5-21（b）］。目测时最好先熟悉直角二等分（45°）、三等分（30°）的角度，以提高目测的精度。

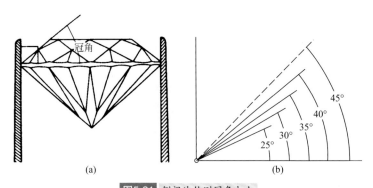

(a)　　　　　　　　　(b)

图5-21 侧视法估测冠角大小

侧视法估测冠角的注意事项。

当冠部主刻面不在圆钻侧面的轮廓线上，这时有两种解决的办法：其一，放下钻石，重新夹持钻石，只要稍稍变换镊子夹的位置就可以解决；其二，假想有一条直线连接腰棱与台面的边缘，估测该假想直线与腰棱所形成的角度，作为冠角的近似值。

三、亭深比的评价

亭深比是所有比例参数中，使用目测相对最准确的参数，钻石分级师的误差一般不会超过1%。目测亭深比有两种方法，即台影比法和侧视法。

1. 台影比法

用10倍放大镜，通过垂直观察台面经亭部刻面反射所形成的影像大小。根据影像半径占台面半径的百分比，确定亭部深度的比率，从而推断亭部的深度。

具体步骤是：①使视线垂直透过台面，将底尖调整到台面中心，找出台面反射影像；②聚焦于亭部刻面，首先寻找星刻面的黑色三角形反射影像，然后环视所有的黑色三角形影像（黑色小领结），即可找到环绕着底尖的一个灰色八边形台面影像轮廓；③根据台面影像半径占台面半径的比例，来确定亭深比大小。钻石亭部越深，台面影像越大（图5-22）。当台面影像较小，仅占据底尖附近且不明显时，亭深比为40%（表5-6）。

43%	47%
44%	48%
45%	49%

图5-22 台面影像大小与亭深比的关系

表5-6　台面影像大小与亭深比的关系

亭深比	台影比（阴影面积直径大小）
39%	整个亭部暗，鱼眼现象
40%	阴影面积直径较小，仅占据底尖附近，且不明显时

续表

亭深比	台影比（阴影面积直径大小）
41%～42%	阴影面积直径略小于台面直径的四分之一
43%	阴影面积直径为台面直径的三分之一
44.5%	阴影面积直径为台面直径的二分之一
45%	阴影面积直径略大于台面直径的二分之一
45.5%～46%	阴影面积直径为台面直径的三分之二
47%～48%	阴影面积直径为台面直径的五分之四左右
49%	阴影占整个台面，钻石变暗
50%	阴影扩散到三角小面

当亭深比小于39%时，会出现漏光现象，完全看不到台面影像，而且在台面边会显出腰棱的映像，称为"鱼眼效应"（图5-23）。当亭深比大于49%时，也会出现漏光现象，且整个台面范围呈灰暗状的阴影，称为"黑底效应"或"块状石"（图5-24）。这时注意不要与亭部过浅的情况混淆，可以用亭部侧视法可将两者区分开。

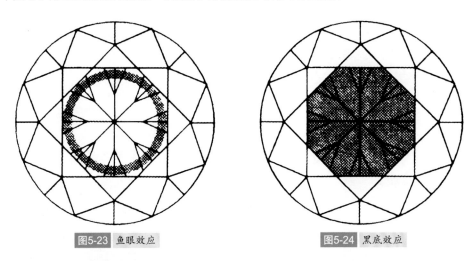

图5-23 鱼眼效应　　　　　　　　　图5-24 黑底效应

台影比法估测亭深比的注意事项。

① 当钻石的对称性有缺陷时，会使星刻面的反射影像扭曲变形（图5-25），看不到全部的8个黑色小领结，而只能清楚地看到2～3个。这2～3个黑领结所在的位置就是台面影像的位置，并据此估计台面影像与台面半径的比率。

在观察寻找黑领结时，要稍微地左右摆动钻石，尤其是对称性不好的圆钻，在摆动过程中才能发现黑领结。

② 台影比主要随亭深变化而变化，其次还受台宽比大小的影响。当台面大于57%，同时亭深小于45%时，根据台面影像估测的亭深比实际的亭深要大一些，最大可达1.5%。

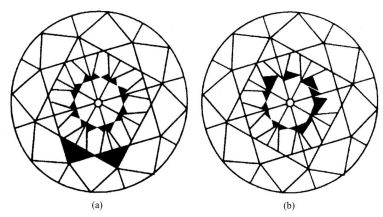

(a)   (b)

图5-25 钻石对称性偏差造成的星刻面影像变形现象

（a）无对称性偏差的星刻面影像；（b）变形的星刻面影像

因此，需要对结果进行修正，修正方法见表5-7。首先估测台宽比，然后按图5-22根据观察到的台面影像估测亭深比，从表5-7中查出对应的亭深修正值，才能得出实际亭深比。例如，有一钻石观察到其台影比为1/2，据图5-22，得出其亭深比为45%，该钻石的台宽比为65%，查表5-7得亭深比修正值为–1%，实际的亭深为45%–1%=44%。

表5-7 亭深比修正值

亭深比/% 修正值 台宽比/%	42	43	44	45	46	47	48	49
70	–2	–2	–2	–2	–1	–1	–1	–1
67.5	–1.5	–1.5	–1.5	–1.5	–1	–1	–1	–0.5
65	–1.5	–1	–1	–1	–1	–1	–0.5	0
62.5	–1	–1	–1	–1	–1	–1	–0.5	0
60.0	–0.5	–0.5	–0.5	–0.5	–0.5	–0.5	0	0
57.5	–0.5	–0.5	–0.5	–0.5	–0.5	–0.5	0	0

注：如果腰厚或很厚，可以修正或不修正亭深比。

2. 侧视法

在10倍放大镜下，从侧面平行于腰棱平面方向观察圆钻，可以看到腰棱经亭部刻面反射后形成的两条或一条亮带（图5-26）。亮带出现的位置及其间的比值（$h_1 : h_2$），与亭深大小有关（图5-27）。一般来说，h_2变化不大，主要是根据h_1的大小，确定钻石亭部过深还是过浅。亭深比大，h_1明显，h_1与h_2的比值大；亭深比小，h_1小；亭深比更小时，第一条亮带消失，出现鱼眼现象。

图5-26 侧面观察钻石，两阴影带为腰棱的映像

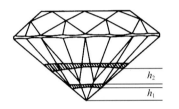

两阴影带为腰棱的映像，在实际观察中呈白色亮带，h_1为底尖到第一条亮带的间距，h_1的大小与亭深比（亭角）有关

圆钻的亭深比（亭角）大时（如46%），h_1明显，h_1与h_2的比值也大

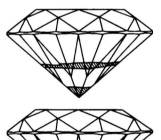

圆钻的亭深比较小时（如41%），第一条亮带不明显，往往就在底尖上，h_1也非常小

圆钻的亭深比更小时（小于40%），第一条亮带消失，通常预示将出现"鱼眼"现象

图5-27 侧视法估测亭深比（据袁心强，1998）

侧视法估测亭深比的注意事项。

观察时也许会发现，亮带本身的宽度、明亮度、形态会因不同的钻石样品而不同。其原因是不同的钻石会有不同形状的腰棱，有的薄，有的厚，有的抛光，有的粗糙，而亮带是腰棱的映像，所以也会有各自的特征。

四、腰厚比的评价

成品钻石的腰棱厚度对钻石明亮度及整体切工美感的影响比较小。腰棱太薄或太厚都不利于镶嵌，腰棱太薄经不起碰撞或受压，镶嵌时容易产生破损；腰棱太厚的钻石，看起来比同等重量但腰棱稍薄的钻石小很多，腰棱太厚还可能漏光，降低钻石亮度。因此，切工好的钻石应腰棱厚度适中。

成品钻石腰棱共有三种情况，即打磨腰棱、抛光腰棱和刻面腰棱（图5-28）。打磨腰棱，是用车钻机加工而成的，腰棱表面粗糙不光亮，通常呈灰白色，不透明，这是最常见的腰棱形状；抛光腰棱，是用光边机在钻石微粉磨轮上加工而成的，腰棱表面透亮、光整，往往是作为对存在对称性缺陷的钻石进行的一种修补行为；刻面腰棱，是用磨钻机手工加工而成的，腰棱呈现多个刻面，光洁、透亮，但刻面大小通常不等大，往往是由于钻石腰围太厚或腰部有瑕疵，不得已而为之的修补处理方式。

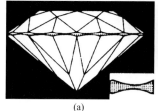 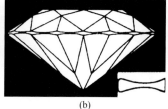 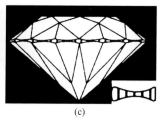

(a)　　　　　　　　　　　(b)　　　　　　　　　　　(c)

图5-28 钻石腰棱的三种类型

（a）打磨腰棱；（b）抛光腰棱；（c）刻面腰棱

目视评价时，钻石侧夹，或者台面与底小面相对夹持，视线平行于腰棱平面，用10倍放大镜和肉眼分别观察腰棱一周，以整个腰棱的主要厚度作为该钻石的腰棱厚度，把腰棱厚度划分为极薄、很薄、薄、中等、厚、很厚和极厚七个级别（图5-29、图5-30）。

（1）极薄（刀口）　实际厚度小于0.035mm，10倍放大镜下呈刀刃状，肉眼观察不可见。

（2）很薄　实际厚度小于0.10mm，10倍放大镜下呈细的线状，肉眼观察几乎不可见。

（3）薄　实际厚度小于0.20mm，10倍放大镜下呈窄的宽度，肉眼观察难见。

（4）中等　实际厚度小于0.30mm，10倍放大镜下呈清晰的宽度，肉眼观察呈细线状。

（5）厚　实际厚度小于0.50mm，10倍放大镜下呈明显的宽度，肉眼观察呈窄的宽度。

（6）很厚　实际厚度小于0.75mm，10倍放大镜下呈不悦目的宽度，肉眼观察呈清晰的宽度。

（7）极厚　实际厚度大于0.80mm，10倍放大镜下呈非常不悦目的宽度，肉眼观察呈明显的宽度。

极薄

很薄

薄

中

厚

很厚

极厚

图5-29 腰棱厚度等级示意图

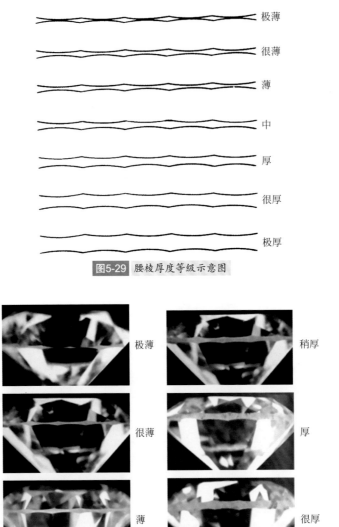

极薄   稍厚

很薄   厚

薄   很厚

中等   极厚

图5-30 腰棱厚度等级示意图（据VerenaPagel-Theisen, G.G., F.G.A, 2001, 10X）

腰厚比评价的注意事项。

① 对于厚度不均匀的腰棱（图5-31），不能只评价某一特定位置上的腰棱厚度，而应该对腰棱的主体厚度进行评价。对存在各处腰厚不一的现象，则归为对称性缺陷，在修

饰度中进行考虑和评价。对存在极薄的刀口状腰棱，可以酌情在备注中说明，以提醒镶嵌师予以注意。

② 虽然在分级标准中也列出了腰厚的百分比，但是这些数值是以1ct大小的钻石为标准的。如果钻石更大，则腰厚的百分比就要减小。如果比例固定，那么钻石越大，腰棱的实际厚度就越大，超过耐用性的要求，会产生更多的漏光。

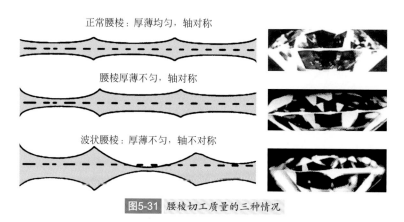

图5-31　腰棱切工质量的三种情况

五、底小面大小的评价

底小面是钻石所有刻面中最小的一个刻面，它对钻石的明亮度影响也较小。但如果底小面太大，正面入射到底小面的光线会全部漏出钻石，正面观察呈一黑暗的小窗，对外观有不良影响，切磨底小面的目的是为了保护亭部的尖端。现代钻石切磨的方法是不切磨底小面，而是留下一个点状的底尖。点状底尖很容易破损，形成白色的小破口，对钻石也很不利。因此，保留一个合适大小的底小面有其合理性，底小面必须达到既不影响外观，又能保护亭部尖端的目的，这种底小面应在肉眼下不可见或很难见。

目视评价时，台面朝上，视线垂直台面，底小面按大小可划分为以下六个级别（图5-32）。

（1）点状　绝对直径小于0.04mm，10倍放大镜下观察呈小白点，肉眼观察不可见。

（2）很小　绝对直径小于0.12mm，10倍放大镜下观察难以分辨轮廓，肉眼观察不可见。

（3）小　绝对直径界于0.13～0.18mm，10倍放大镜下观察可见八边形轮廓，肉眼观察不可见。

（4）中　绝对直径界于0.19～0.24mm，10倍放大镜下观察可见八边形的小面，肉眼观察可见。

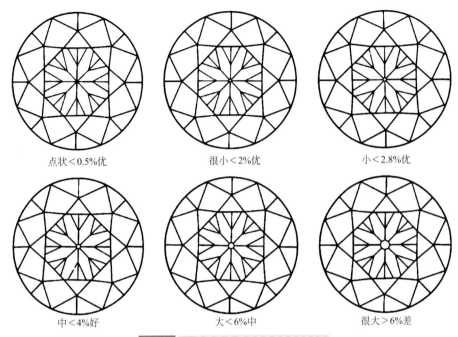

点状＜0.5%优	很小＜2%优	小＜2.8%优
中＜4%好	大＜6%中	很大＞6%差

图5-32 底尖大小（10倍放大镜下观察）

（5）大　绝对直径界于0.25～0.38mm，10倍放大镜下观察底小面明显，肉眼观察可见八边形。

（6）很大　绝对直径大于0.38mm，10倍放大镜下观察底小面很明显，肉眼观察易见八边形。

估计底小面实际大小的注意事项。

① 如果遇到由于底小面太尖而破损成小破口的情况时，不要在比例中评价，而将其视为净度特征，根据其受损的程度，当作内部特征或者外部特征，在净度评价中加以考虑。

② 在钻石分级证书中，有时还见到"未抛光底小面"或"粗糙底小面"等评注，这是分别指经抛或抛光极差的底小面或者受到磨损的底小面。这些特征也不是比例评价的内容，而在钻石的抛光质量或损伤等方面评价时予以考虑。

第四节　确定标准圆钻比率的方法 II ——仪器测量法

一、全自动钻石切工测量仪

仪器测量法是指使用全自动钻石切工测量仪以及各种微尺、卡尺，直接对各测量项目进行测量。全自动钻石切工测量仪（Dia-Mension，图5-33），是一种新颖的电子测量仪器，能够测量钻石切工的各种比率，甚至也可以测量钻石原石。该仪器用计算机控制，可以在几秒钟内完成对钻石的测量和切工评价，结果精确。

Parameter	Values		
Round Cut	0.29 crt		
Diameter mm	4.26		4.25~4.28 EX (0.7%)
Table Size %	60 EX		59.3~60.8 EX off 0.4 EX
Total Depth %	62.5 EX		
Crown Angle °	33.8 EX		33.0~34.4 EX
Pavilion Angle °	42.0 VG		41.4~42.6 VG
girdle Thickness %	4.40 EX		3.5~5.2 VG MED~THK VG
Culet Size %	0.4 EX		off 0.7 EX
Crown Height %	13.7 EX		13.1~14.0 EX
Pavilion Depth %	44.4 EX		44.0~45.2 EX
Star Length %	49 EX		
Lower Length %	80 EX		
Crown+Pavilion °	75.9 EX		
Overweight %	1.3 EX		
Polish			
Symmetry		VERY	
Proportion Grade	VERY GOOD	GOOD	
Symmetry/Polish minimum NGTC requir ements		Good/Good	

	Excellent		Very Good		Good	
C.Angle	31.2	35.8	27.2	37.6	23.8	40.0
C.Height	12.0	17.0	10.5	18.0	9.0	19.5
P.Angle	40.8	41.8	40.2	42.4	38.6	43.0
P.Depth	43.0	44.5	42.0	45.0	40.0	46.5
Table	51.5	62.5	49.5	66.5	49.5	70.5
Girdle	2.5	4.5	2.0	5.0	1.0	6.5
T.Depth	58.3	63.1	56.0	64.3	53.3	66.9
Culet	0.0	0.9	0.0	1.0	0.0	3.9
Cr.+Pav.	73.0	77.0	68.8	77.8	65.0	80.0
Star Length	45	65	40	70	35	90
Lower Length	70	85	65	90	60	95

Average graph 4.26mm

33.8 60.1% 2.56mm 13.7%
4.4% 0.58mm
0.19mm 44.4%
62.5% 42.0 1.89mm
2.66mm Culet: 0.4% 0.02mm

Crown&Pavilion graph

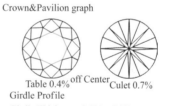

Table 0.4% off Center Culet 0.7%

Girdle Profile

Girdle Thickness: 3.5%~5.2%

Pavilion Side

Crown Side

图5-33 全自动钻石切工测量仪及其比率检测结果示意图

二、比率的级别

随着钻石市场对切工分级的日益重视，切工评价越来越细化。《钻石分级》国家标准（GB/T 16554—2010），将钻石的切工比率分为极好（Excellent，简写为EX）、很好（Very Good，简写为VG）、好（Good，简写为G）、一般（Fair，简写为F）、差（Poor，简写为P）五个级别。

三、比率级别的评价标准

依据钻石切工比率分级表（表5-8），各不同的台宽比条件下，全自动钻石切工测量仪通过测出的冠角（α）、亭角（β）、冠高比、亭深比、腰厚比、底尖比、全深比、$\alpha+\beta$、星刻面长度比、下腰面长度比等项目的数值，确定各测量项目对应的级别。比率级别由全部测量项目中的最低级别表示，比率测量要求全部采用全自动钻石切工测量仪进行。

表5-8 钻石切工比率分级表（据国标GB/T 16554—2010）

A1 台宽比=44%～49%

比率	差	一般	差
冠角（α）/（°）	＜20.0	20.0	41.4～41.4
亭角（β）/（°）	＜37.4	37.4	44.0～44.0
冠高比	＜7.0	7.0～21.0	＞21.0
亭深比	＜38.0	38.0～48.0	＞48.0
腰厚比	—	≤10.5	＞10.5
腰厚		极薄–极厚	极厚
底尖大小	—	—	—
全深比	＜50.9	50.9～70.9	＞70.9
$\alpha+\beta$/（°）	—	—	—
星刻面长度比			
下腰面长度比			

A2 台宽比=50%

比率	差	一般	好	很好	好	一般	差
冠角（α）/（°）	＜20.0	20.0～21.6	21.8～26.0	26.2～36.2	36.4～37.8	38.0～41.4	＞41.4
亭角（β）/（°）	＜37.4	37.4～38.4	38.6～39.6	39.8～42.4	42.6～43.0	43.2～44.0	＞44.0
冠高比	＜7.0	7.0～8.5	9.0～10.0	10.5～18.0	18.5～19.5	20.0～21.0	＞21.0
亭深比	＜38.0	38.0～39.5	40.0～41.0	41.5～45.0	45.5～46.5	47.0～48.0	＞48.0
腰厚比	—	—	＜2.0	2.0～5.5	6.0～7.5	8.0～10.5	＞10.5
腰厚	—	—	极薄	很薄～厚	很厚	极厚	极厚
底尖大小	—	—	—	＜2.0	2.0～4.0	＞4.0	—
全深比	＜50.9	50.9～59.0	59.1～61.0	61.1～64.5	64.6～66.9	67.0～70.9	＞70.9
$\alpha+\beta$/（°）	—	＜65.0	65.0～68.6	68.8～79.4	79.6～80.0	＞80.0	—
星刻面长度比	—	—	＜40	40～70	＞70	—	—
下腰面长度比	—	—	＜65	65～90	＞90	—	—

续表

A3 台宽比=51%

比率	差	一般	好	很好	好	一般	差
冠角（α）/（°）	<20.0	20.0~21.6	21.8~26.0	26.2~36.2	36.2~37.8	38.0~41.4	>41.4
亭角（β）/（°）	<37.4	37.4~38.4	38.6~39.6	39.8~42.4	42.6~43.0	43.2~44.0	>44.0
冠高比	<7.0	7.0~8.5	9.0~10.0	10.5~18.0	18.5~19.5	20.0~21.0	>21.0
亭深比	<38.0	38.0~39.5	40.0~41.0	41.5~45.0	45.5~46.5	47.0~48.0	>48.0
腰厚比	—	—	<2.0	2.0~5.5	6.0~7.5	8.0~10.5	>10.5
腰厚	—	—	极薄	很薄~厚	很厚	极厚	极厚
底尖大小	—	—	—	<2.0	2.0~4.0	>4.0	—
全深比	<50.9	50.9~59.0	59.1~61.0	61.1~64.5	64.6~66.9	67.0~70.9	>70.9
α+β/（°）	—	<65.0	65.0~68.6	68.8~79.4	79.6~80.0	>80.0	—
星刻面长度比	—	—	<40	40~70	>70	—	—
下腰面长度比	—	—	<65	65~90	>90	—	—

A4 台宽比=52%

比率	差	一般	好	很好	极好	很好	好	一般	差
冠角（α）/（°）	<20.0	20.0~21.6	21.8~26.0	26.2~31.0	31.2~36.0	36.2~37.2	37.4~38.6	38.8~41.4	>41.4
亭角（β）/（°）	<37.4	37.4~38.4	38.6~39.6	39.8~40.4	40.6~41.8	42.0~42.4	42.6~43.0	43.2~44.0	>44.0
冠高比	<7.0	7.0~8.5	9.0~10.0	10.5~11.5	12.0~17.0	17.5~18.0	18.5~19.5	20.0~21.0	>21.0
亭深比	<38.0	38.0~39.5	40.0~41.0	41.5~42.5	43.0~44.5	45.0	45.5~46.5	47.0~48.0	>48.0
腰厚比	—	—	<2.0	2.0	2.5~4.5	5.0~5.5	6.0~7.5	8.0~10.5	>10.5
腰厚	—	—	极薄	很薄	薄~稍厚	厚	很厚	极厚	极厚
底尖大小	—	—	—	—	<1.0	1.0~1.9	2.0~4.0	>4.0	—
全深比	<50.9	50.9~58.6	58.7~60.7	60.8~61.5	61.6~63.2	63.3~64.5	64.6~66.9	67.0~70.9	>70.9
α+β/（°）	—	<65.0	65.0~68.6	68.8~72.8	73.0~77.0	77.2~79.4	79.6~80.0	>80.0	—
星刻面长度比	—	—	<40	40	45~65	70	>70	—	—
下腰面长度比	—	—	<65	65	70~85	90	>90	—	—

续表

A5 台宽比=53%

比率	差	一般	好	很好	极好	很好	好	一般	差
冠角（α）/(°)	<20.0	20.0~21.6	21.8~26.0	26.2~31.0	31.2~36.0	36.2~37.6	37.8~39.0	39.2~41.4	>41.4
亭角（β）/(°)	<37.4	37.4~38.4	38.6~39.6	39.8~40.4	40.6~41.8	42.0~42.4	42.6~43.0	43.2~44.0	>44.0
冠高比	<7.0	7.0~8.5	9.0~10.0	10.5~11.5	12.0~17.0	17.5~18.0	18.5~19.5	20.0~21.0	>21.0
亭深比	<38.0	38.0~39.5	40.0~41.0	41.5~42.5	43.0~44.5	45.0	45.5~46.5	47.0~48.0	>48.0
腰厚比	—	—	<2.0	2.0	2.5~4.5	5.0~5.5	6.0~7.5	8.0~10.5	>10.5
腰厚	—	—	极薄	很薄	薄~稍厚	厚	很厚	极厚	极厚
底尖大小	—	—	—	—	<1.0	1.0~1.9	2.0~4.0	>4.0	—
全深比	<50.9	50.9~58.0	58.1~60.3	60.4~61.3	61.4~63.2	63.3~64.5	64.6~66.9	67.0~70.9	>70.9
α+β/(°)	—	<65.0	65.0~68.6	68.8~72.8	73.0~77.0	77.2~79.4	79.6~80.0	>80.0	—
星刻面长度比	—	—	<40	40	45~65	70	>70	—	—
下腰面长度比	—	—	<65	65	70~85	90	>90	—	—

A6 台宽比=54%

比率	差	一般	好	很好	极好	很好	好	一般	差
冠角（α）/(°)	<20.0	20.0~21.6	21.8~26.0	26.2~31.0	31.2~36.0	36.2~38.2	38.4~39.6	39.8~41.4	>41.4
亭角（β）/(°)	<37.4	37.4~38.4	38.6~39.6	39.8~40.4	40.6~41.8	42.0~42.4	42.6~43.0	43.2~44.0	>44.0
冠高比	<7.0	7.0~8.5	9.0~10.0	10.5~11.5	12.0~17.0	17.5~18.0	18.5~19.5	20.0~21.0	>21.0
亭深比	<38.0	38.0~39.5	40.0~41.0	41.5~42.5	43.0~44.5	45.0	45.5~46.5	47.0~48.0	>48.0
腰厚比	—	—	<2.0	2.0	2.5~4.5	5.0~5.5	6.0~7.5	8.0~10.5	>10.5
腰厚	—	—	极薄	很薄	薄~稍厚	厚	很厚	极厚	极厚
底尖大小	—	—	—	—	<1.0	1.0~1.9	2.0~4.0	>4.0	—
全深比	<50.9	50.9~57.8	57.9~60.0	60.1~61.3	61.2~63.2	63.3~64.7	64.8~66.9	67.0~70.9	>70.9
α+β/(°)	—	<65.0	65.0~68.6	68.8~72.8	73.0~77.0	77.2~79.4	79.6~80.0	>80.0	—
星刻面长度比	—	—	<40	40	45~65	70	>70	—	—
下腰面长度比	—	—	<65	65	70~85	90	>90	—	—

续表

A7 台宽比=55%

比率	差	一般	好	很好	极好	很好	好	一般	差
冠角（α）/（°）	<20.0	20.0～21.6	21.8～26.0	26.2～31.0	31.2～36.0	36.2～38.8	39.0～40.0	40.2～41.4	>41.4
亭角（β）/（°）	<37.4	37.4～38.4	38.6～39.6	39.8～40.4	40.6～41.8	42.0～42.4	42.6～43.0	43.2～44.0	>44.0
冠高比	<7.0	7.0～8.5	9.0～10.0	10.5～11.5	12.0～17.0	17.5～18.0	18.5～19.5	20.0～21.0	>21.0
亭深比	<38.0	38.0～39.5	40.0～41.0	41.5～42.5	43.0～44.5	45.0	45.5～46.5	47.0～48.0	>48.0
腰厚比	—	—	<2.0	2.0	2.5～4.5	5.0～5.5	6.0～7.5	8.0～10.5	>10.5
腰厚	—	—	极薄	很薄	薄～稍厚	厚	很厚	极厚	极厚
底尖大小	—	—	—	—	<1.0	1.0～1.9	2.0～4.0	>4.0	
全深比	<50.9	50.9～57.5	57.6～59.7	59.8～60.9	61.0～63.2	63.3～64.7	64.8～66.9	67.0～70.9	>70.9
α+β/（°）	—	<65.0	65.0～68.6	68.8～72.8	73.0～77.0	77.2～79.4	79.6～80.0	>80.0	
星刻面长度比	—	—	<40	40	45～65	70	>70	—	—
下腰面长度比	—	—	<65	65	70～85	90	>90	—	—

A8 台宽比=56%

比率	差	一般	好	很好	极好	很好	好	一般	差
冠角（α）/（°）	<20.0	20.0～21.6	21.8～26.0	26.2～31.0	31.2～36.0	36.2～38.8	39.0～40.0	40.2～41.4	>41.4
亭角（β）/（°）	<37.4	37.4～38.4	38.6～39.6	39.8～40.4	40.6～41.8	42.0～42.4	42.6～43.0	43.2～44.0	>44.0
冠高比	<7.0	7.0～8.5	9.0～10.0	10.5～11.5	12.0～17.0	17.5～18.0	18.5～19.5	20.0～21.0	>21.0
亭深比	<38.0	38.0～39.5	40.0～41.0	41.5～42.5	43.0～44.5	45.0	45.5～46.5	47.0～48.0	>48.0
腰厚比	—	—	<2.0	2.0	2.5～4.5	5.0～5.5	6.0～7.5	8.0～10.5	>10.5
腰厚	—	—	极薄	很薄	薄～稍厚	厚	很厚	极厚	极厚
底尖大小	—	—	—	—	<1.0	1.0～1.9	2.0～4.0	>4.0	—
全深比	<50.9	50.9～57.3	57.4～59.5	59.6～60.6	60.7～63.2	63.3～64.7	64.8～66.9	67.0～70.9	>70.9
α+β/（°）	—	<65.0	65.0～68.6	68.8～72.8	73.0～77.0	77.2～79.2	79.4～80.0	>80.0	
星刻面长度比	—	—	<40	40	45～65	70	>70	—	—
下腰面长度比	—	—	<65	65	70～85	90	>90	—	—

续表

A9 台宽比=57%

比率	差	一般	好	很好	极好	很好	好	一般	差
冠角（α）/（°）	<20.0	20.0 ~ 22.0	22.2 ~ 26.0	26.2 ~ 31.0	31.2 ~ 36.0	36.2 ~ 38.8	39.0 ~ 40.0	40.2 ~ 41.4	>41.4
亭角（β）/（°）	<37.4	37.4 ~ 38.4	38.6 ~ 39.6	39.8 ~ 40.4	40.6 ~ 41.8	42.0 ~ 42.4	42.6 ~ 43.0	43.2 ~ 44.0	>44.0
冠高比	<7.0	7.0 ~ 8.5	9.0 ~ 10.0	10.5 ~ 11.5	12.0 ~ 17.0	17.5 ~ 18.0	18.5 ~ 19.5	20.0 ~ 21.0	>21.0
亭深比	<38.0	38.0 ~ 39.5	40.0 ~ 41.0	41.5 ~ 42.5	43.0 ~ 44.5	45.0	45.5 ~ 46.5	47.0 ~ 48.0	>48.0
腰厚比	—	—	<2.0	2.0	2.5 ~ 4.5	5.0 ~ 5.5	6.0 ~ 7.5	8.0 ~ 10.5	>10.5
腰厚	—	—	极薄	很薄	薄~稍厚	厚	很厚	极厚	极厚
底尖大小	—	—	—	—	<1.0	1.0 ~ 1.9	2.0 ~ 4.0	>4.0	—
全深比	<50.9	50.9 ~ 57.0	57.1 ~ 58.3	58.4 ~ 60.0	60.1 ~ 63.2	63.3 ~ 64.5	64.6 ~ 66.9	67.0 ~ 70.9	>70.9
$\alpha+\beta$/（°）	—	<65.0	65.0 ~ 68.6	68.8 ~ 72.8	73.0 ~ 77.0	77.2 ~ 78.8	79.0 ~ 80.0	>80.0	—
星刻面长度比	—	—	<40	40	45 ~ 65	70	>70	—	—
下腰面长度比	—	—	<65	65	70 ~ 85	90	>90	—	—

A10 台宽比=58%

比率	差	一般	好	很好	极好	很好	好	一般	差
冠角（α）/（°）	<20.0	20.0 ~ 22.6	22.8 ~ 26.0	26.2 ~ 31.0	31.2 ~ 36.0	36.2 ~ 38.8	38.4 ~ 40.0	40.2 ~ 41.4	>41.4
亭角（β）/（°）	<37.4	37.4 ~ 38.4	38.6 ~ 39.8	40.0 ~ 40.4	40.6 ~ 41.8	42.0 ~ 42.4	42.6 ~ 43.0	43.2 ~ 44.0	>44.0
冠高比	<7.0	7.0 ~ 8.5	9.0 ~ 10.0	10.5 ~ 11.5	12.0 ~ 17.0	17.5 ~ 18.0	18.5 ~ 19.5	20.0 ~ 21.0	>21.0
亭深比	<38.0	38.0 ~ 39.5	40.0 ~ 41.0	41.5 ~ 42.5	43.0 ~ 44.5	45.0	45.5 ~ 46.5	47.0 ~ 48.0	>48.0
腰厚比	—	—	<2.0	2.0	2.5 ~ 4.5	5.0 ~ 5.5	6.0 ~ 7.5	8.0 ~ 10.5	>10.5
腰厚	—	—	极薄	很薄	薄~稍厚	厚	很厚	极厚	极厚
底尖大小	—	—	—	—	<1.0	1.0 ~ 1.9	2.0 ~ 4.0	>4.0	—
全深比	<50.9	50.9 ~ 56.8	56.9 ~ 59.1	59.2 ~ 59.8	59.9 ~ 63.2	63.3 ~ 64.5	64.6 ~ 66.9	67.0 ~ 70.9	>70.9
$\alpha+\beta$/（°）	—	<65.0	65.0 ~ 68.6	68.8 ~ 72.8	73.0 ~ 77.0	77.2 ~ 78.6	78.8 ~ 80.0	>80.0	—
星刻面长度比	—	—	<40	40	45 ~ 65	70	>70	—	—
下腰面长度比	—	—	<65	65	70 ~ 85	90	>90	—	—

续表

A11 台宽比=59%

比率	差	一般	好	很好	极好	很好	好	一般	差
冠角（α）/（°）	<20.0	20.0~23.0	23.2~26.6	26.2~31.0	31.2~36.0	36.2~38.8	38.4~40.0	40.2~41.4	>41.4
亭角（β）/（°）	<37.4	37.4~38.4	38.6~39.8	40.0~40.4	40.6~41.8	42.0~42.4	42.6~43.0	43.2~44.0	>44.0
冠高比	<7.0	7.0~8.5	9.0~10.0	10.5~11.5	12.0~17.0	17.5~18.0	18.5~19.5	20.0~21.0	>21.0
亭深比	<38.0	38.0~39.5	40.0~41.5	42.0~42.5	43.0~44.5	45.0	45.5~46.5	47.0~48.0	>48.0
腰厚比	—	—	<2.0	2.0	2.5~4.5	5.0~5.5	6.0~7.5	8.0~10.5	>10.5
腰厚	—	—	极薄	很薄	薄~稍厚	厚	很厚	极厚	极厚
底尖大小	—	—	—	—	<1.0	1.0~1.9	2.0~4.0	>4.0	
全深比	<50.9	50.9~56.4	56.5~58.7	58.8~59.6	59.7~63.2	63.3~64.5	64.6~66.9	67.0~70.9	>70.9
α+β/（°）	—	<65.0	65.0~68.6	68.8~72.8	73.0~77.0	77.2~78.2	78.4~80.0	>80.0	—
星刻面长度比	—	—	<40	40	45~65	70	>70	—	—
下腰面长度比	—	99—	<65	65	70~85	90	>90	—	—

A12 台宽比=60%

比率	差	一般	好	很好	极好	很好	好	一般	差
冠角（α）/（°）	<20.0	20.0~23.6	23.8~27.0	27.2~31.0	31.2~35.8	36.0~37.6	37.8~40.0	40.2~41.4	>41.4
亭角（β）/（°）	<37.4	37.4~38.4	38.6~40.0	40.2~40.6	40.8~41.8	42.0~42.2	42.4~43.0	43.2~44.0	>44.0
冠高比	<7.0	7.0~8.5	9.0~10.0	10.5~11.5	12.0~17.0	17.5~18.0	18.5~19.5	20.0~21.0	>21.0
亭深比	<38.0	38.0~39.5	40.0~41.5	42.0~42.5	43.0~44.5	45.0	45.5~46.5	47.0~48.0	>48.0
腰厚比	—	—	<2.0	2.0	2.5~4.5	5.0~5.5	6.0~7.5	8.0~10.5	>10.5
腰厚	—	—	极薄	很薄	薄~稍厚	厚	很厚	极厚	极厚
底尖大小	—	—	—	—	<1.0	1.0~1.9	2.0~4.0	>4.0	—
全深比	<50.9	50.9~56.2	56.3~58.0	58.1~58.4	58.5~63.2	63.3~64.5	64.6~66.9	67.0~70.9	>70.9
α+β/（°）	—	<65.0	65.0~68.6	68.8~72.8	73.0~77.0	77.2~77.8	78.0~80.0	>80.0	—
星刻面长度比	—	—	<40	40	45~65	70	>70	—	—
下腰面长度比	—	—	<65	65	70~85	90	>90	—	—

续表

A13 台宽比=61%

比率	差	一般	好	很好	极好	很好	好	一般	差
冠角（α）/（°）	<20.0	20.0～24.0	24.2～27.6	27.8～32.0	32.2～35.6	35.8～37.6	37.8～40.0	40.2～41.4	>41.4
亭角（β）/（°）	<37.4	37.4～38.8	39.0～40.2	40.4～40.6	40.8～41.8	42.0～42.2	42.4～43.0	43.2～44.0	>44.0
冠高比	<7.0	7.0～8.5	9.0～10.0	10.5～11.5	12.0～17.0	17.5～18.0	18.5～19.5	20.0～21.0	>21.0
亭深比	<38.0	38.0～40.0	40.5～42.0	42.5	43.0～44.5	45.0	45.5～46.5	47.0～48.0	>48.0
腰厚比	—	—	<2.0	2.0	2.5～4.5	5.0～5.5	6.0～7.5	8.0～10.5	>10.5
腰厚	—	—	极薄	很薄	薄～稍厚	厚	很厚	极厚	极厚
底尖大小	—	—	—	—	<1.0	1.0～1.9	2.0～4.0	>4.0	—
全深比	<50.9	50.9～56.0	56.1～57.7	57.8～58.4	58.5～63.2	63.3～64.5	64.6～66.9	67.0～70.9	>70.9
α+β/（°）	—	<65.0	65.0～68.6	68.8～72.8	73.0～77.0	77.2～77.6	77.8～80.0	>80.0	—
星刻面长度比	—	—	<40	40	45～65	70	>70	—	—
下腰面长度比	—	—	<65	65	70～85	90	>90	—	—

A14 台宽比=62%

比率	差	一般	好	很好	极好	很好	好	一般	差
冠角（α）/（°）	<20.0	20.0～24.6	24.8～28.0	28.2～32.6	32.8～35.0	35.2～36.8	37.0～40.0	40.2～41.4	>41.4
亭角（β）/（°）	<37.4	37.4～39.0	39.2～40.4	40.6～40.8	41.0～41.6	41.8～42.2	42.4～43.0	43.2～44.0	>44.0
冠高比	<7.0	7.0～8.5	9.0～10.0	10.5～11.5	12.0～17.0	17.5～18.0	18.5～19.5	20.0～21.0	>21.0
亭深比	<38.0	38.0～40.5	41.0～42.0	42.5	43.0～44.5	45.0	45.5～46.5	47.0～48.0	>48.0
腰厚比	—	—	<2.0	2.0	2.5～4.5	5.0～5.5	6.0～7.5	8.0～10.5	>10.5
腰厚	—	—	极薄	很薄	薄～稍厚	厚	很厚	极厚	极厚
底尖大小	—	—	—	—	<1.0	1.0～1.9	2.0～4.0	>4.0	—
全深比	<50.9	50.9～55.7	55.8～57.3	57.4～58.4	58.5～63.2	63.3～64.5	64.6～66.9	67.0～70.9	>70.9
α+β/（°）	—	<65.0	65.0～68.6	68.8～72.8	73.0～77.0	77.2～77.4	77.6～80.0	>80.0	—
星刻面长度比	—	—	<40	40	45～65	70	>70	—	—
下腰面长度比	—	—	<65	65	70～85	90	>90	—	—

续表

A15 台宽比=63%

比率	差	一般	好	很好	好	一般	差
冠角（α）/（°）	<20.0	20.0～25.8	25.2～28.6	28.8～36.2	36.4～40.0	40.2～41.4	>41.4
亭角（β）/（°）	<37.4	37.4～38.8	39.0～40.4	40.6～42.0	42.2～43.0	43.2～44.0	>44.0
冠高比	<7.0	7.0～8.5	9.0～10.0	10.5～18.0	18.5～19.5	20.0～21.0	>21.0
亭深比	<38.0	38.0～40.0	40.5～42.0	42.5～45.0	45.5～46.5	47.0～48.0	>48.0
腰厚比	—	—	<2.0	2.0～5.5	6.0～7.5	8.0～10.5	>10.5
腰厚	—	—	极薄	很薄～厚	很厚	极厚	极厚
底尖大小	—	—	—	<2.0	2.0～4.0	>4.0	—
全深比	<50.9	50.9～55.4	55.5～56.8	56.9～64.5	64.6～66.9	67.0～70.9	>70.9
$\alpha+\beta$/（°）	—	<65.0	65.0～68.6	68.8～76.8	77.0～80.0	>80.0	—
星刻面长度比	—	—	<40	40～70	>70	—	—
下腰面长度比	—	—	<65	65～90	>90	—	—

A16 台宽比=64%

比率	差	一般	好	很好	好	一般	差
冠角（α）/（°）	<20.0	20.0～25.8	26.0～29.8	30.0～35.8	36.0～40.0	40.2～41.4	>41.4
亭角（β）/（°）	<37.4	37.4～39.2	39.4～40.6	40.8～42.0	42.2～43.0	43.2～44.0	>44.0
冠高比	<7.0	7.0～8.5	9.0～10.0	10.5～18.0	18.5～19.5	20.0～21.0	>21.0
亭深比	<38.0	38.0～40.5	41.5～42.5	43.0～45.0	45.5～46.5	47.0～48.0	>48.0
腰厚比	—	—	<2.0	2.0～5.5	6.0～7.5	8.0～10.5	>10.5
腰厚	—	—	极薄	很薄～厚	很厚	极厚	极厚
底尖大小	—	—	—	<2.0	2.0～4.0	>4.0	—
全深比	<50.9	50.9～55.2	55.3～56.6	56.7～64.5	64.6～66.9	67.0～70.9	>70.9
$\alpha+\beta$/（°）	—	<65.0	65.0～68.6	68.8～76.4	76.4～80.0	>80.0	—
星刻面长度比	—	—	<40	40～70	>70	—	—
下腰面长度比	—	—	<65	65～90	>90	—	—

续表

A17 台宽比=65%

比率	差	一般	好	很好	好	一般	差
冠角（α）/（°）	<20.0	20.0～26.8	27.0～30.4	30.6～35.0	35.2～40.0	40.2～41.4	>41.4
亭角（β）/（°）	<37.4	37.4～39.4	39.6～40.8	41.0～42.0	42.2～43.0	43.2～44.0	>44.0
冠高比	<7.0	7.0～8.5	9.0～10.0	10.5～18.0	18.5～19.5	20.0～21.0	>21.0
亭深比	<38.0	38.0～41.0	41.5～42.5	43.0～45.0	45.5～46.5	47.0～48.0	>48.0
腰厚比	—	—	<2.0	2.0～5.5	6.0～7.5	8.0～10.5	>10.5
腰厚	—	—	极薄	很薄～厚	很厚	极厚	极厚
底尖大小	—	—	—	<2.0	2.0～4.0	>4.0	—
全深比	<50.9	50.9～54.9	55.0～56.4	56.5～64.5	64.6～66.9	67.0～70.9	>70.9
α+β/（°）	—	<65.0	65.0～68.6	68.8～76.2	76.4～80.0	>80.0	—
星刻面长度比	—	—	<40	40～70	>70	—	—
下腰面长度比	—	—	<65	65～90	>90	—	—

A18 台宽比=66%

比率	差	一般	好	很好	好	一般	差
冠角（α）/（°）	<22.0	22.0～27.0	27.2～31.4	31.6～34.4	36.4～40.0	40.2～41.4	>41.4
亭角（β）/（°）	<37.4	37.4～39.6	39.8～40.8	41.0～42.0	42.0～43.0	43.2～44.0	>44.0
冠高比	<7.0	7.0～8.5	9.0～10.0	10.5～18.0	18.5～19.5	20.0～21.0	>21.0
亭深比	<38.0	38.0～41.0	41.5～42.5	43.0～45.0	45.5～46.5	47.0～48.0	>48.0
腰厚比	—	—	<2.0	2.0～5.5	6.0～7.5	8.0～10.5	>10.5
腰厚	—	—	极薄	很薄～厚	很厚	极厚	极厚
底尖大小	—	—	—	<2.0	2.0～4.0	>4.0	—
全深比	<50.9	50.9～54.8	54.9～56.2	56.3～64.5	64.6～66.9	67.0～70.9	>70.9
α+β/（°）	—	<65.0	65.0～68.6	68.8～75.8	76.0～80.0	>80.0	—
星刻面长度比	—	—	<40	40～70	>70	—	—
下腰面长度比	—	—	<65	65～90	>90	—	—

续表

A19 台宽比=67%

比率	差	一般	好	一般	差
冠角（α）/（°）	<22.0	22.0～27.6	27.8～40.0	40.2～41.4	>41.4
亭角（β）/（°）	<37.4	37.4～39.6	39.8～43.0	43.2～44.0	>44.0
冠高比	<7.0	7.0～8.5	9.0～19.5	20.0～21.0	>21.0
亭深比	<38.0	38.0～41.5	41.5～46.5	47.0～48.0	>48.0
腰厚比	—	—	<7.5	7.5～10.5	>10.5
腰厚	—	—	极薄～很厚	极厚	极厚
底尖大小	—	—	≤4.0	>4.0	—
全深比	<50.9	50.9～54.6	54.7～66.9	67.0～70.9	>70.9
α+β/（°）	—	<68.0	65.0～80.0	>80.0	—
星刻面长度比	—	—	—	—	—
下腰面长度比	—	—	—	—	—

A20 台宽比=68%

比率	差	一般	好	一般	差
冠角（α）/（°）	<23.0	23.0～28.6	28.8～40.0	40.2～41.4	>41.4
亭角（β）/（°）	<37.4	37.4～39.8	40.0～43.0	43.2～44.0	>44.0
冠高比	<7.0	7.0～8.5	9.0～19.5	20.0～21.0	>21.0
亭深比	<38.0	38.0～41.5	42.0～46.5	47.0～48.0	>48.0
腰厚比	—	—	<7.5	7.5～10.5	>10.5
腰厚	—	—	极薄～很厚	极厚	极厚
底尖大小	—	—	≤4.0	>4.0	—
全深比	<50.9	50.9～54.4	54.5～66.9	67.0～70.9	>70.9
α+β/（°）	—	<68.0	68.0～80.0	>80.0	—
星刻面长度比	—	—	—	—	—
下腰面长度比	—	—	—	—	—

A21 台宽比=69%

比率	差	一般	好	一般	差
冠角（α）/（°）	<24.0	24.0～29.0	29.2～40.0	40.2～41.4	>41.4
亭角（β）/（°）	<37.4	37.4～40.0	40.2～43.0	43.2～44.0	>44.0
冠高比	<7.0	7.0～8.5	9.0～19.5	20.0～21.0	>21.0
亭深比	<38.0	38.0～42.0	42.5～46.5	47.0～48.0	>48.0
腰厚比	—	—	<7.5	7.5～10.5	>10.5
腰厚	—	—	极薄～很厚	极厚	极厚
底尖大小	—	—	≤4.0	>4.0	—
全深比	<50.9	50.9～54.2	54.3～66.9	67.0～70.9	>70.9
α+β/（°）	—	<65.0	65.0～80.0	>80.0	—
星刻面长度比	—	—	—	—	—
下腰面长度比	—	—	—	—	—

续表

A22 台宽比=70%

比率	差	一般	好	一般	差
冠角（α）/（°）	<24.0	24.0～29.0	29.2～40.0	40.2～41.4	>41.4
亭角（β）/（°）	<37.4	37.4～40.0	40.2～43.0	43.2～44.0	>44.0
冠高比	<7.0	7.0～8.5	9.0～19.5	20.0～21.0	>21.0
亭深比	<38.0	38.0～42.0	42.5～46.5	47.0～48.0	>48.0
腰厚比	—	—	<7.5	7.5～10.5	>10.5
腰厚	—	—	极薄～很厚	极厚	极厚
底尖大小	—	—	≤4.0	>4.0	
全深比	<50.9	50.9～54.0	54.1～66.9	67.0～70.9	>70.9
α+β/（°）	—	<65.0	65.0～80.0	>80.0	
星刻面长度比	—	—	—	—	—
下腰面长度比	—	—	—	—	—

A23 台宽比=71%～72%

比率	差	一般	差
冠角（α）/（°）	<24.0	24.0～41.4	>41.4
亭角（β）/（°）	<37.4	37.4～44.0	44.0
冠高比	<7.0	7.0～21.0	>21.0
亭深比	<38.0	38.0～48.0	>48.0
腰厚比	—	≤10.5	>10.5
腰厚	—	极薄～极厚	极厚
底尖大小	—	—	—
全深比	<50.9	50.9～70.9	>70.9
α+β/（°）	—	—	—
星刻面长度比	—	—	—
下腰面长度比	—	—	—

四、影响比率级别的其他因素

1. 超重比例

根据待分级钻石的平均直径，依据圆钻的腰棱直径与重量的对应关系（表6-1），可以得出待分级钻石的大约克拉重量。代入公式（5-1），计算超重比例。

超重比例＝［（实际克拉重量－大约克拉重量）/大约克拉重量］×100%　（5-1）

根据超重比例，查表5-9，得到比率级别。

表5-9　超重比例与比率级别对应关系（据国标GB/T 16554—2010）

比率级别	极好 EX	很好 VG	好 G	一般 F
超重比例/%	＜8	8～16	17～25	＞25

2. 刷磨和剔磨的评价

在圆钻切磨加工中，为了尽量少损失圆钻的克拉重量、又消除腰棱附近的瑕疵，而采取改变上、下腰小面倾角的加工方法，把减小上、下腰小面倾角的方法称为刷磨（Painting），增大上、下腰小面倾角的方法称为剔磨（Digging out）。

刷磨指圆明亮琢型钻石上腰刻面联结点与下腰刻面联结点之间的腰厚（A，B处），小于风筝面与亭部主刻面之间的腰厚（C，D处）的现象［图5-34（a）］。剔磨指钻石上腰刻面联结点与下腰刻面联结点之间的腰厚（A，B处），大于风筝面与亭部主刻面之间的腰厚（C，D处）的现象［图5-34（b）］。

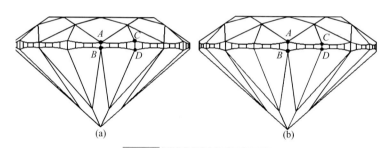

图5-34　刷磨（a）和剔磨（b）

刷磨和剔磨的划分规则，是在10倍放大条件下，由侧面观察腰围最厚区域。根据刷磨和剔磨的严重程度可分为无、中等、明显、严重四个级别。不同程度和不同组合方式的刷磨和剔磨会影响比率级别，见表5-10，严重的刷磨和剔磨可使比率级别降低一级。

表5-10　刷磨和剔磨级别划分

级别 \ 规则	10倍放大条件下，由侧面观察腰围最厚区域
无	钻石上腰面联结点与下腰面联结点之间的腰厚，等于风筝面与亭部主刻面之间腰厚
中等	钻石上腰面联结点与下腰面联结点之间的腰厚，对比风筝面与亭部主刻面之间腰厚有较小偏差，钻石台面向上外观没有受到肉眼可见的影响
明显	钻石上腰面联结点与下腰面联结点之间的腰厚，对比风筝面与亭部主刻面之间腰厚有明显偏差，钻石台面向上外观受到影响
严重	钻石上腰面联结点与下腰面联结点之间的腰厚，对比风筝面与亭部主刻面之间腰厚有显著偏差，钻石台面向上外观受到严重影响

第五节 **圆钻修饰度的评价**

修饰度（Finish），是指钻石抛磨工艺的优劣程度，是评价钻石切工的另一个重要方面，分为对称性和抛光两个方面进行评价。

一、对称性评价

对称性（Symmetry），指的是钻石各个刻面的形状、位置、排列方式和对称等的特征。对称性的好坏对圆钻明亮度的影响尽管不如比率那么明显，但对称偏差会破坏圆钻几何图案的均匀性和美感，反映出加工工艺技术和切磨师的水平。优良的对称性，意味着对明亮度完美的体现。品质差的钻石，很少有优良的对称性。

（一）重要的对称性特征

1. 腰围不圆

理想的圆钻腰棱截面应该是一个正圆，但由于切磨的偏差使得腰棱截面不是正圆形就产生了偏差。目视评价时，镊子平行夹持在圆钻的腰棱上，在 10 倍放大镜下，视线垂直地通过台面，并使底尖位于视域中心。人的眼睛能觉察出小于 0.5% 的圆度偏离。钻石分级中，腰棱圆度偏离在 2% 以内都属于正常误差范围。当圆度偏离达到 2% 或更大时，才作为对称性缺陷看待。图5-35 是不同偏离度的圆钻，圆度偏离的形式很多，图形仅供参考。

圆度偏差也可以直接测量获得，从不同的位置测量几个钻石腰围直径，从最小值与最大值的比值即可得出圆度偏离的情况。一般来说，腰围的最大直径和最小直径之差小于 2%，即可视为很好。

1%   2%   3%

图5-35 钻石腰围不圆的偏差

2. 台面倾斜

指冠部高矮不一，台面和腰部平面不平行（图5-36）。正常情况下，钻石的台面和腰围所在平面应是平行的，但如果切工不好，会造成这两个平面呈一定的夹角，这种偏差是较严重的修饰偏差，可影响钻石的亮度和火彩。目视评价时，钻石侧夹，视线平行腰棱，要多观察几个方向。台面倾斜也可用钻石比例仪测量出的冠部高度来判断。

图5-36 钻石台面倾斜

3. 台面偏心

指圆钻的台面不在腰棱所形成的腰圆的中央（图5-37）。目视评价时，钻石的夹持方式与评价圆度一样，视线与腰棱平面（台面）垂直，将底尖调整到腰圆的中心，比较构成台面的两个正方形的角到腰围的距离是否等长，或者观察亭部两条相互垂直的主要面棱，将组成台面的任一正方形是否对等地分为四等份。

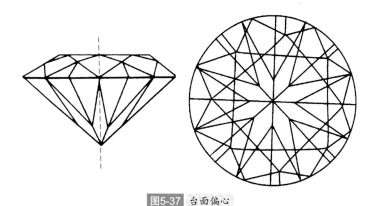

图5-37 台面偏心

4. 底尖偏心

指圆钻的底尖不在台面中心的垂线上（图5-38）。目视评价时，方法之一是侧视钻石，对于台面未偏心的钻石，假想有一根垂直穿过台面中心的直线，观察这根直线是否

与底尖重合；方法之二是透过台面，观察钻石亭部的四条相交于底尖的主要面棱是否互相垂直，推测底尖是否偏心。

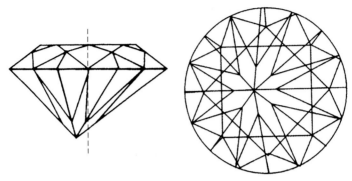

图5-38 底尖偏心

5. 波状腰棱

指腰棱所在的平面已经不是一个与台面平行的平面，而呈上下波浪状起伏（图5-39）。正常的腰棱是由上下两条波浪线所围成，但整个腰棱总体上是平直的，不可视为波状腰棱。波状腰会造成钻石的领结效应。由于波状腰造成亭部角变化，在亭部对应的两个方向上因漏光出现黑暗的区域，形似领结，故称为领结效应。

目视评价时，钻石侧夹，视线平行腰棱即可。

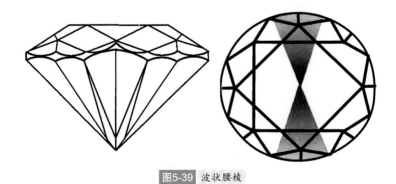

图5-39 波状腰棱

6. 骨状腰棱

腰棱的最大厚度有规律的变化或相邻两个腰棱的最大厚度相差较大，形似一头粗大，一头细小的骨骼，骨状腰会导致单翻效应（图5-40）。从台面观察钻石的亭部刻面出现明暗相间的现象。

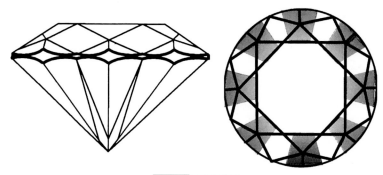

图5-40 骨状腰棱

7. 腰厚不均

正常的腰棱由两条波浪线组成，虽然也存在波峰和波谷，不是平直的线，但整体来看，两条波浪线之间的距离是有规律重复的，如果出现腰棱一边厚，一边薄，就视为腰棱厚薄不均（图5-41）。目视评价时，侧视钻石腰部一周，观察腰棱厚度是否均一。

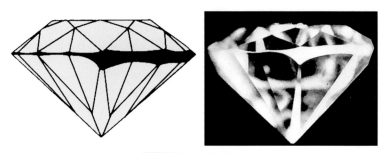

图5-41 腰棱厚度不均

8. 锥状腰棱

指钻石的腰围不是一个圆柱体，而是锥状体（图5-42）。锥状腰围是重新切割冠部太高或亭部太深的钻石时，为保持最大的重量而造成的。目视评价时，在10倍放大镜下从台面观察，可见腰围呈现一个白色不透明的"环"或称"白色的轮圈"；从侧面观察，可见腰围呈圆锥状。

（二）一般的对称性特征

1. 非八边形台面

圆钻的台面偏离了正八边形，如各边不等长或角度扭曲（图5-43）。

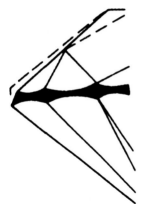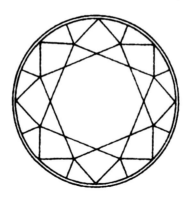

图5-42 锥状腰棱

2. 刻面畸形

即同种刻面不等大，台面八边不一致，面不匀称（图5-43）。即钻石的8个星刻面、或者16个主小面、或者32个上腰小面和下腰小面中，存在同种刻面大小不一致的现象。其中以冠部刻面大小不均一较为严重。

3. 刻面尖点不尖

3条或3条以上的面棱应该交于一点（图5-44）。不好的切工会出现面棱不交于一点，形成一小段面棱。

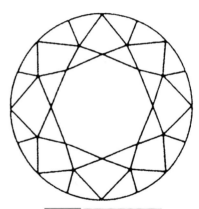

图5-43 同种刻面不等大

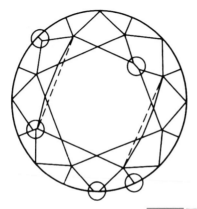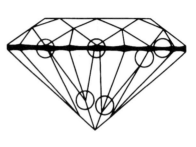

图5-44 刻面尖点不尖

4. 冠部与亭部尖点不对齐（冠部与亭部错位）

从腰部观察，冠部刻面的交汇点与相应的亭部刻面交汇点不在同一垂直方向上（图5-45）。例如冠部主刻面与亭部主刻面的尖点应对齐，否则会影响光线的路径，从而影响明亮度。这种偏差是由于在打磨上下几个主刻面时，旋转角度不同而使上、下相应的主刻面发生错位，进而导致其他的刻面及其交汇点发生错动。目视评价时，侧视钻石腰部，观察冠部与亭部刻面在腰围处的尖点是否对齐。

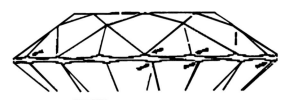

图5-45 冠部与亭部尖点不对齐

5. 额外刻面（多余小刻面）

规定刻面以外的所有多余的刻面称为额外刻面，额外刻面是切割不当造成的，通常额外刻面多出现在腰部附近，在亭部和冠部较少见（图5-46）。当额外刻面从钻石的台面观察看不到时，通常对其切工影响不大，而能从冠部观察到的额外刻面，或多或少地都会影响钻石的切工。

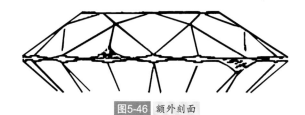

图5-46 额外刻面

此外，影响对称性的因素还有：冠角不均，亭角不均，刻面缺失等。《钻石分级》国家标准（GB/T 16554—2010），对称性级别划分为五个级别。

（1）极好（EX） 10倍放大镜下观察，无或很难看到影响对称性的要素特征。

（2）很好（VG） 10倍放大镜下台面向上观察，有较少的影响对称性的要素特征。

（3）好（G） 10倍放大镜下台面向上观察，有明显的影响对称性的要素特征。肉眼观察，钻石整体外观可能受影响。

（4）一般（F） 10倍放大镜下台面向上观察，有易见的、大的影响对称性的要素特征。肉眼观察，钻石整体外观受到影响。

（5）差（P） 10倍放大镜下台面向上观察，有显著的、大的影响对称性的要素特征。肉眼观察，钻石整体外观受到明显的影响。

二、抛光质量评价

抛光（Polish），是指对切磨抛光过程中，产生的外部特征，影响抛光表面完美程度的评价。抛光质量的优劣直接影响到钻石的光学效应。当抛光质量很差时，会减损钻石表面反光的强度，减弱钻石的明亮度。即使钻石的切工比例很好，但缺少精细的抛光，也不能使钻石熠熠生辉。但整体来说，抛光质量对钻石价值的影响比较小。抛光质量主要与钻石的切磨工艺、切磨师的技术与精心程度有关，与保存重量的关系不大，即使对抛光质量差的钻石重新抛光，所耗损的重量也是微乎其微的。

影响抛光级别的要素特征有抛光纹、划痕、烧痕、缺口、棱线磨损、击痕、粗糙腰围、"蜥蜴皮"效应、粘杆烧痕等。

抛光纹是钻石表面成组平行排列的直线或微曲的弧线。同一组抛光纹仅局限在一个刻面上，不同刻面上的抛光纹的方向多不一样。观察抛光纹，不要直接观察刻面表面，因为有时刻面表面的反光会使抛光纹不明显，而要采用透过相对刻面进行观察的方法，或称为"内表面观察法"。例如，透过台面观察亭部刻面上的抛光纹，或者通过亭部刻面观察台面上的抛光纹（图5-47）。

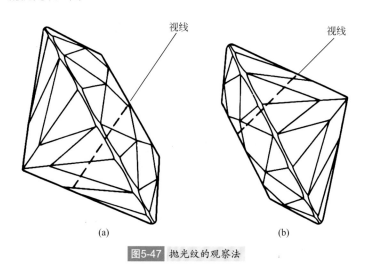

图5-47 抛光纹的观察法

（a）透过台面观察亭部刻面上的抛光纹；（b）透过亭部刻面观察台面上的抛光纹

"蜥蜴皮"（Lizard Skin）效应，是指已抛光钻石表面上呈现透明的凹陷波浪纹理，其方向接近解理面的方向。

抛光级别划分是根据影响抛光质量的要素特征，在10倍放大镜下的可见程度划分的，分为五个级别。

（1）极好（EX） 10倍放大镜下观察，无至很难看到影响抛光的要素特征。

（2）很好（VG） 10倍放大镜下台面向上观察，有较少的影响抛光的要素特征。

（3）好（G） 10倍放大镜下台面向上观察，有明显的影响抛光的要素特征。肉眼观察，钻石光泽可能受影响。

（4）一般（F） 10倍放大镜下台面向上观察，有易见的影响抛光的要素特征。肉眼观察，钻石光泽受到影响。

（5）差（P） 10倍放大镜下台面向上观察，有显著的影响抛光的要素特征。肉眼观察，钻石光泽受到明显的影响。

三、切工级别

切工级别分为极好（Excellent，EX）、很好（Very Good，VG）、好（Good，G）、一般（Fair，F）、差（Poor，P）五个级别。

切工级别根据比率级别、修饰度（对称性级别、抛光级别）进行综合评价。查表5-11得出切工级别。

表5-11　切工级别划分规则（据国标GB/T 16554—2010）

修饰度级别 切工级别 比率级别	极好 （EX）	很好 （VG）	好 （G）	一般 （F）	差 （P）
极好（EX）	极好	极好	很好	好	差
很好（VG）	很好	很好	很好	好	差
好（G）	好	好	好	一般	差
一般（F）	一般	一般	一般	一般	差
差（P）	差	差	差	差	差

第六节　花式钻的切工评价

除圆明亮式琢型以外的其他所有琢型，统称为"花式琢型（Fancy Cut）"（图5-48）。简称为"花式钻"或"异型钻"。常见的花式琢型钻石有梨形琢型、马眼形琢型、椭圆形琢型、心形琢型、梯形琢型、祖母绿型和长方形琢型等。

与圆钻相比，花式钻的加工工艺要求和切磨成本更高，对称性和明亮度较低，亮光和火彩的表现不均匀。切磨花式钻最重要的是有利于保存重量，形态不规则的钻石原石切磨成圆钻，重量损失较大，依原石形态采用花式琢型，可以获得很大的重量收益。所以，几乎所有的大钻，都切磨成各种花式琢型，以获得最大重量。另一方面，花式琢型更有利于展现钻石的色彩，尤其是颜色不够浓艳的钻石。同时，切磨花式钻石也是为了更好地利用钻石原料，追求更好的表现和美感。

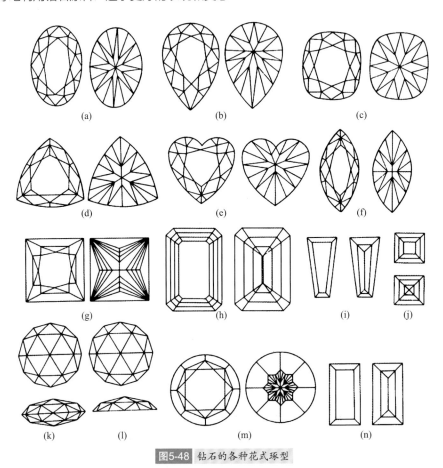

图5-48 钻石的各种花式琢型

（a）椭圆形明亮型；（b）水滴形明亮型；（c）垫形明亮型；（d）盾形明亮型；（e）心形明亮型；
（f）橄榄形明亮型；（g）公主型；（h）祖母绿型；（i）梯型；（j）正方型；（k）双面玫瑰型；
（l）单玫瑰型；（m）百日红型；（n）长方型

一、花式琢型的类型

根据花式琢型的特征，又可以细分成以下几种类型。

1. 变形明亮式琢型

变形明亮式琢型是从圆明亮式琢型演变而来的。这类琢型的刻面排列方式与圆明亮式琢型相同或相似，仅腰棱的轮廓不同，常见的有椭圆形琢型、梨形琢型、马眼形琢型、心形琢型等（图5-49）。这类琢型的花式钻比较常见，切工评价与圆明亮式琢型相似。

椭圆形琢型，
57个刻面，轮廓稍肥

圆明亮式琢型，
57个刻面，优良切工

祖母绿型，
57个刻面

梨形琢型，57个刻面

橄榄形琢型，57个刻面，
优质切工

图5-49 不同琢型的钻石

2. 古典式琢型

这类琢型是早期钻石的切磨款式，或者沿用了彩色宝石的琢型样式，以及新发展的部分琢型。常见的有祖母绿琢型、阶梯式琢型、玫瑰琢型、剪刀式琢型、公主式琢型和其他款式琢型。对这类型花式钻的切工评价，仍然可以应用明亮度的基本概念，根据不同的琢型具体分析。

3. 奇异式琢型

奇异式琢型是一种具有独特创意的琢型，切磨师根据钻石原石的形状，切磨成动物、植物或头像等的形状。这类琢型钻石切工评价，不能沿用传统的评价方法和概念。

4. 新式切工

（1）"八心八箭"（又称丘比特）切工 "八心八箭"切工是圆明亮式琢型，在对称性为完美或者极好的情况下造成的。通过一个特殊的镜子从钻石的正下方俯视，呈现出完美对称、饱满的八颗心的图案，从钻石正上方俯视，可以看到大小一致、光芒璀璨且对称的八支箭的图案（图5-50）。整个图像完整清晰，比例适中，严格对称。有八心八箭这种图案的钻石，比没有这种图案的同档次的钻石价格要高20%左右。

图5-50 "八心八箭"切工

（2）"九心一花"切工 "九心一花"（又称 Estrella）切工，西班牙语意为"天上闪亮的星星"，是由RosyBlue公司研制，经国际宝石学院（IGI）鉴定，香港谢瑞麟（TSL）珠宝（"Estrella"切工钻石的亚洲总代理）于2006年推出的一款类似"八心八箭"的钻石新式切工。每一颗钻石均拥有100个刻面，由冠部的37个刻面和亭部的63个刻面组成，图案效果也必须通过专用放大镜才能看得清晰。正对钻石台面看去，台面中心呈现由九个刻面组成的"花"，而从冠部主刻面则能够看到九颗"心"，沿台面外周均匀排列，光线经过折射后可以呈现"九心一花"的现象（图5-51）。

图5-51 "九心一花"切工

所有的"九心一花"切工的钻石，均需经过世界鉴定权威国际宝石学院（IGI）的鉴定。购买"九心一花"切工钻石的消费者，可以同时得到由IGI出具的国际钻石鉴定证书，以保证这颗钻石的品质。

（3）蓝色火焰切工 蓝色火焰切工有别于传统的圆形切工钻石。2005年，为了追寻更完美的火彩，比利时钻石切磨大师开始研发更领先的钻石琢型。经过反复计算、修改图稿和尝试性切割，历时3年，全新的89切面钻石终于研发成功。

2009年1月30日，欧洲Eurostar公司正式发布了一款拥有独家专利的新式钻石切割工艺，由HRD旗下的Tesiro所独有，该钻石琢型呈八边形，共有89个刻面，台宽比例为50%～65%，全深比例为65%～72%，冠高比例为12%～14%，亭深比为47%～54%，腰厚比为2%～6.5%，精确切割，形成独特火彩。钻石从正上方俯视，边棱为八边形，台面呈现双八角星重叠光学现象，主要由光线经过上腰棱和下腰面折射形成，命名为"蓝色火焰"。

"蓝色火焰"切工，其钻石轮廓尊贵典雅，更加合理地运用光学原理，将钻石角度比例和棱边对称性提升到了新的高度，使钻石能够更加完美地释放各角度射入的光线，能使钻石显现独特的蓝色光芒。采用此种切工的钻石，比普通钻石的火彩更好，且散发出诱人的蓝光（图5-52）。

2010年5月，在上海第41届世界博览会期间，"蓝色火焰"钻石以其革命性的切割技艺及无与伦比的火彩，在比利时馆展出。

图5-52 蓝色火焰切工

二、花式钻石的比例评价

大多数花式琢型的比例与圆明亮式琢型的比例类似，有台宽比、冠部角或冠部高度、腰棱厚度、亭部深度、底小面大小等。各部分的作用与圆钻大致相同，尤其是变形圆明

亮式琢型。一般而言，台面过大或者冠角太小，会消弱火彩，冠角太大，会产生漏光，或产生过分的火彩；亭部深度则主要影响亮光，腰棱厚度和底小面都以预防受损为主要目的。

花式钻的琢型种类繁多、形态各异，不同的款式之间存在差异，同一种琢型，可以有不影响美观的变化。花式钻石的比例分级没有圆钻具体、系统，对花式钻石的切工评价比圆钻复杂，很难取得统一的分级标准。所以，花式琢型的比例评价，远不如圆明亮式琢型的比例评价严格。

1. 台宽比

花式钻石的台宽比，是指台面短轴方向的宽度与腰棱宽度的百分比（图5-53），可用量尺测定或目估的方法确定。

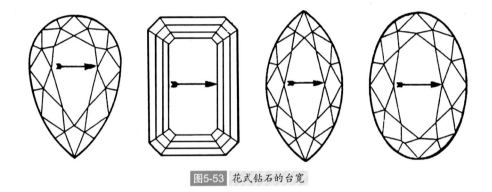

图5-53 花式钻石的台宽

2. 冠角

花式钻石的冠角指冠部在宽度方向上的主要刻面与腰棱平面之间的夹角。对于变形明亮式琢型，合适的角度、亮光和火彩较好，并以34.5°为最佳角度。在评估时，用目视估测具体的角度的大小，或使用冠部角合适或者冠部角稍大、大、小、太小等级别。

3. 腰棱厚度

花式钻石的腰棱厚度往往不均匀。带有尖锐端部的琢型，例如橄榄型、水滴型等，尖端部位的腰棱比较厚，以防破损。另一种是带有凹部的琢型，如心型在凹口位置上，腰棱也很厚。这些位置均不可作为评估腰棱厚度的依据。评估时要排除这些特殊的位置，取整个腰围厚度的平均值。腰棱厚度同圆钻的腰棱一样，划分成极薄、很薄、中、厚、很厚和极厚6个级别。

4. 亭深比

花式琢型的亭深比为亭部深度与腰棱宽度的比例。有些部位（如琢型有尖端）的亭角常常小于中间部位的亭角。

对变形明亮式琢型，在目测时应注意观察明亮度和亭部刻面，在宽度方向上的台面影像，与圆钻的台面影像相似，如果亭深合适（41%～45%），则看不到或仅看到少量的台面影像；如果亭深太大，则出现漏光，钻石明亮度下降；台面影像加大加深，在宽度方向的位置上形成蝴蝶状的黑影，并称为"蝶影"或"领结效应"（图5-54）。亭部过浅，则易于在台面侧边，甚至在台面内看到白色的腰棱影像，形成"鱼眼效应"。所以，对变形明亮式琢型，可以依据"蝶影"和"鱼眼"现象，来评价亭深比例是否适当。亭深比分为很浅、稍浅、合适、稍深、很深五个级别。

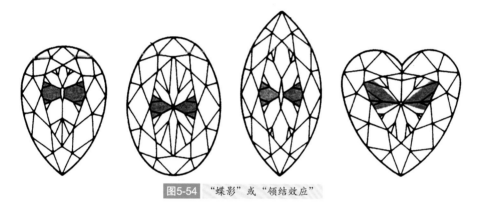

图5-54 "蝶影"或"领结效应"

对于祖母绿琢型、阶梯琢型，则要注意是否有亭部膨胀的现象（图5-55）。亭部膨胀是为了保留钻石的最大重量，但会造成钻石额外的漏光，削弱了钻石的明亮度，这一现象可以在报告的备注中予以说明。严重的亭部膨胀，有可能影响到钻石的镶嵌。

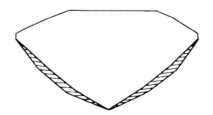

图5-55 阶梯型或祖母绿型的亭部膨胀现象

5. 底尖比

花式钻石的底尖比评价方法和圆钻的相似。若底尖拉长时，以底尖的宽度为准，

并根据具体的形态，分为点、线状底尖；可分为无、很小、小、中、大、很大、极大七个级别。

三、花式钻石的修饰度评价

（一）花式钻石的对称性评价

花式钻的修饰度和圆钻一样，包括对称性和抛光两个部分。对于花式钻，对称性比比例更为重要。因为，花式钻在很大程度上是以其形态的美感吸引人的，特别是其轮廓的形态。所以，花式钻的切工评价的重点，是对称性的评价。

1. 花式琢型钻石的重要对称性评价

（1）腰棱轮廓　花式钻的腰棱形状对钻石的外观影响极大。通常存在的偏差有以下几种。

① 腰棱轮廓不对称，即轮廓的左右或上下不对称（图5-56）。

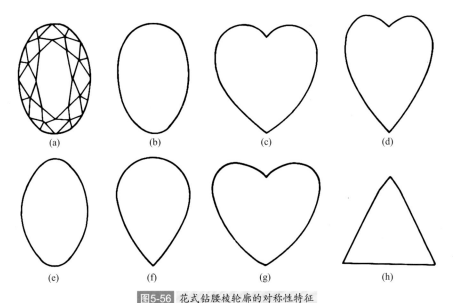

(a)   (b)   (c)   (d)

(e)   (f)   (g)   (h)

图5-56　花式钻腰棱轮廓的对称性特征

（a）完美的对称性；（b）上下不对称；（c）左右不对称；（d）长宽比例不正确；
（e）轮廓的肩部过低；（f）轮廓的腹部过窄；（g）轮廓的肩部过高；（h）出现额外的腰线

② 轮廓的协调性不佳，即轮廓的曲线弧和位置不当。

③ 长宽比例不佳，即腰棱的长径与短径的比例不适当。这一比例是决定轮廓美感的重要因素之一，常见的花式琢型的长宽比见表5-12，否则就会使人产生美感不佳。

表5-12　花式琢型钻石常见的长宽比

琢　　型	长宽比
梨形琢型和椭圆形琢型	（1.5～1.75）∶1
橄榄形琢型	（1.5～2.25）∶1
心形琢型	（0.8～1.25）∶1
祖母绿型	（1.5～1.75）∶1
长条琢型	（1.75～2.25）∶1

（2）底脊线（底尖）偏移　花式钻石的亭部刻面不一定会聚成一点，还会形成底脊线，底脊线应该位于花式钻的中心，不可偏离。除有底尖偏心的现象外，还应考虑底尖位于底脊线上的上、下位置。合适的底脊线（底尖）位置应在台面宽度的连线上（图5-57），若底尖太高，会改变亭角大小，造成漏光，减损钻石的亮光。若底尖太低，易产生影像反射现象。评价时，根据目视判断。

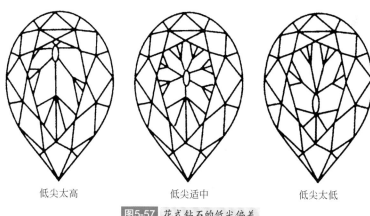

低尖太高　　　　　　　　低尖适中　　　　　　　　低尖太低

图5-57　花式钻石的低尖偏差

（3）台面偏心　台面左右或上下偏离腰棱轮廓的中心。有些款式琢型，上下偏离的现象不明显，或不易评估。例如，心形明亮式琢型，因为其上下方向上不具对称性。

（4）波状腰棱　与圆钻波状腰棱的定义相同，指腰棱起伏，而不在同一平面上。

（5）倾斜台面　与圆钻的定义相同，指台面与腰棱平面不平行。

花式琢型的重要对称性特征，除了腰棱轮廓的长宽比可通过测量外，其他的对称性特征均用目视法评估。

2. 花式琢型钻石的一般对称性评价

花式琢型钻石一般对称性特征的内容，基本上与圆明亮式琢型类似，只是要对花式琢型对称程度较低的情况加以考虑。

（1）台面不对称　要根据各种款式的特殊对称性来分析。一般地说，同种台面的边不等长，出现额外的台面边、台面扭曲等，都可以作为台面不对称的表现。

（2）同种小面不等大　要根据具体的琢型划分出同种小面，然后比较同种小面的大小及形态是否相同。

（3）面棱不交于一点。

（4）腰棱厚度不均匀　与圆明亮式琢型的定义相同，但要排除尖端或凹口等特殊位置上腰棱的厚度。

（5）冠部与亭部刻面未对齐。

（6）缺少刻面　花式钻的刻面常常与圆钻不一样，即使是变形明亮式琢型，如果是有规律地缺失某些刻面，尤其是亭部的刻面，并且没有造成对称性畸变，则不算缺少刻面。缺少刻面的情况，总是伴随着对称性的破坏。

3. 对称性评价规则

花式钻石的对称性评价规则与圆钻相同，要对对称性特征的偏离程度加以评价，然后再评价钻石所属的对称性等级。对称性划分为4个等级，见表5-13。

（二）花式钻石的抛光质量评价

花式钻石的抛光评价与圆钻完全相同，依钻石表面上抛光痕和灼烧痕的明显程度、数量和对钻石透明度及明亮度的影响，分成4个等级，见表5-13。

表5-13　花式钻石的修饰度分级

修饰度＼级别	很好	好	中等	一般
对称性	没有或存在少量轻微的对称性偏差，但不能有腰棱的对称性偏差，总体上具有完美的对称性	少量轻微的对称性偏差，允许有一项明显的对称性偏差（但不能是轮廓的对称性偏差），总体上呈轻微的对称性畸变	少量明显的对称性偏差，但花式钻石外观的协调性和美感没有受到明显的影响，总体上呈畸变的对称性	存在严重的对称性偏差，花式钻石外观的协调性和美感受到了破坏，总体上呈强烈畸变的对称性
修饰度（10×）	看不见或极难看见的抛光痕和（或）灼烧痕	可见轻微的抛光痕和灼烧痕	易见清晰到明显的抛光痕和（或）灼烧痕	密集且明显的抛光痕和（或）灼烧痕，并影响到了钻石的透明度或明亮度

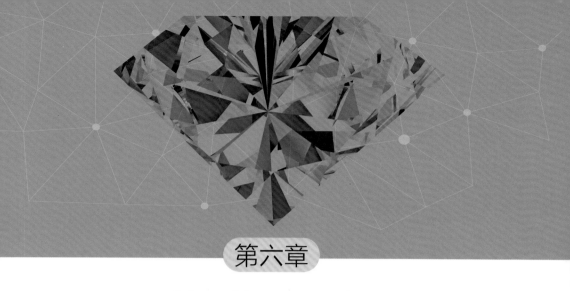

第六章

钻石的重量分级

克拉重量是钻石 "4C" 评价中，最为客观的一个标准。在钻石贸易中对钻石进行计价时，首先考虑的因素就是重量，然后才考虑其颜色、净度和切工。克拉重量也是与钻石稀有性有关的性质。钻石越大，就越稀有，价值就越高。

第一节 钻石的称重及重量分级

一、钻石的重量单位

国际通用的钻石基本计量单位是克拉，英文为 "carat"，缩写为 "ct"，1ct=0.2g。由于钻石珍贵且售价很高，又将1克拉分为100分（point），缩写为 "pt"，即1ct=100pt，1pt=0.01ct=0.002g。

小于1ct的钻石常用 "分" 来描述，例如，0.3ct的钻石称为30分钻石。

小于0.1ct的钻石，通常以每克拉多少粒来计量。例如有一包小碎钻，共50粒，每一粒钻石重量约为0.02ct即2分，就可以将这包钻石的重量说成 "每克拉50粒"。

二、钻石重量的称量方法

由于钻石非常稀有和珍贵，因而需要精确称出钻石的重量。称重的方法是使用标准称重仪器，如各种精度达到0.001g的电子天平或电子秤。精确的称量，既可以满足商业上钻石计价的要求，还具有指示钻石身份的作用，对开具钻石证书，具有十分重要

的意义。

　　使用电子天平按规范要求操作，调整水平，开机，内置标准校准，调整至重量的基本单位ct；使用电子秤时，要放稳，并要尽量地水平，用标准砝码检查电子秤的准确性。使用上述两种称量仪器时，都要尽量避免有较强的气流，以及环境温度的剧烈变化。

　　商业上，钻石克拉重量读数到小数点后第2位，小数后第3位逢9进1，8及8以下的重量忽略不计，不论是单粒钻石的零售或是成包的批发，都是如此。例如，称重得0.999ct，计价时，按1ct计算；而称重得0.998ct，则按0.99ct计价。

三、钻石的重量分级

　　"克拉"是个很小的重量单位，但成品钻石超过1ct的并不很多，多数都小于1ct。按照钻石业界的习惯划分，0.05ct以下的为碎钻，0.05～0.22ct为小钻，0.23～1ct为中钻，1ct以上为大钻，10.8～50ct为特大钻，50ct以上为记名钻；重量超过100ct的称巨钻，又被称为世界名钻，每一颗这样的巨钻都将被命名，而成为世人瞩目的珍宝。

第二节　钻石重量的估算方法

　　用称重仪器对钻石重量进行直接称量，是一种简便、快捷、精确的办法。但当受条件限制，而不能直接用称重仪器称量或钻石已镶嵌在首饰上时，可以通过测量钻石的尺寸，然后用相应的经验公式，来估算钻石的重量。这是因为钻石透明洁净，相对密度稳定，加之切磨都是按照一定的比例和标准进行的。了解和掌握利用测量相应钻石部位的尺寸，获得钻石重量的方法，不仅可以估算钻石的重量，而且还可以帮助鉴别仿钻。

一、标准圆钻型钻石的重量估算

1. 根据钻石的平均直径和重量的对应关系，直接估算钻石重量

　　圆明亮式琢型钻石是按标准比例切磨的，只要测量出圆钻的腰棱平均直径，就能估算出钻石的大致重量。腰棱直径与重量呈正比关系。《钻石分级》国家标准（GB/T 16554—2010），列出了钻石平均直径与钻石重量的对应关系（表6-1）。

表6-1　圆明亮式琢型钻石的腰棱平均直径与重量对应关系

平均直径/mm	大约重量/ct	平均直径/mm	大约重量/ct
2.9	0.09	6.2	0.86
3.0	0.10	6.3	0.90
3.1	0.11	6.4	0.94
3.2	0.12	6.5	1.00
3.3	0.13	6.6	1.03
3.4	0.14	6.7	1.08
3.5	0.15	6.8	1.13
3.6	0.17	6.9	1.18
3.7	0.18	7.0	1.23
3.8	0.20	7.1	1.33
3.9	0.21	7.2	1.39
4.0	0.23	7.3	1.45
4.1	0.25	7.4	1.51
4.2	0.27	7.5	1.57
4.3	0.29	7.6	1.63
4.4	0.31	7.7	1.70
4.5	0.33	7.8	1.77
4.6	0.35	7.9	1.83
4.7	0.37	8.0	1.91
4.8	0.40	8.1	1.98
4.9	0.42	8.2	2.05
5.0	0.45	8.3	2.13
5.1	0.48	8.4	2.21
5.2	0.50	8.5	2.29
5.3	0.53	8.6	2.37
5.4	0.57	8.7	2.45
5.5	0.60	8.8	2.54
5.6	0.63	8.9	2.62
5.7	0.66	9.0	2.71
5.8	0.70	9.1	2.80
5.9	0.74	9.2	2.90
6.0	0.78	9.3	2.99
6.1	0.81	9.4	3.09

通过测量腰棱平均直径，可估算出钻石的大约重量。但需要注意的是，如果钻石的切磨比例不标准，例如腰很厚时，采用这种方法测得的结果就不准确了。

2. 钻石筛

钻石筛（图6-1）是圆形的不锈钢薄板筛盘，其上的空洞是用激光打孔制成的。钻石筛是碎钻重量的最佳测量工具，可以在最短时间内，将碎钻按照大小和重量分类。具体的操作步骤如下。

① 将钻石筛打开取出内附的所有筛盘，并根据目视选定所需筛盘的孔径。

② 将选定的钻石筛盘放入钻石筛。

③ 放入碎钻进行筛选。

图6-1 钻石筛

筛盘的孔径已知的，而且不同孔径编号的筛盘大致都对应于一个特定的钻石重量。钻石筛主要用于分选和估算大批量的碎钻，尤其在钻石批发市场经常使用，十分有效。利用不同的筛盘，从大孔径到小孔径反复筛选，就可把整包的大小不同混合在一起的碎钻，分成重量不等的几组，每组中的钻石重量大致相等。

3. 利用公式来估算钻石的重量

由于标准圆钻琢型的比例和钻石密度相对固定，当测量出圆钻的腰棱直径和高度后，代入公式（6-1），就可以直接估测出钻石重量。这种方法比较准确，对于切磨比例不标准的钻石也同样适用。

$$估算重量（ct）=腰棱直径^2 \times 高 \times K \tag{6-1}$$

圆钻重量的计算，需要测量出圆钻腰棱的平均直径和台面到底尖的距离。测量钻石时，务必小心，因为卡尺所接触到的部分，如底尖、腰棱的尖端等，都是钻石最易受损的部位，为避免造成损伤，使用测微计时，切勿将宝石夹得太紧。

上述公式中，钻石尺寸以mm为单位，计算得出的重量以ct为单位。系数 K 的大小与圆钻的腰棱厚度相关，腰棱越厚，所取的数值越大，腰棱厚度与系数 K 之间的关系，见表6-2。

表6-2　圆钻型钻石腰棱厚度与系数 K 之间的关系

腰棱厚度级别	很厚	厚	中等	薄	很薄
K 值	0.0065	0.0064	0.0063	0.0062	0.0061

例如，一粒标准圆钻形钻石（腰很薄），腰的直径最小为6.50 mm，最大为6.54mm，全深为3.92mm，可计算出该钻石的重量为：

$$[(6.50+6.54)/2]^2 \times 3.92 \times 0.0061 = 1.0165 = 1.01ct。$$

二、异型钻石重量的估算

1. 异型钻石尺寸的测量

测量异型钻石的尺寸，就是要获得异型钻石在长度、宽度（图6-2）和高度方向上的最大尺寸。比如三角形琢型的钻石，要测量出三角形最长的边的尺寸和这条边到相对顶点的垂直距离作为长和宽。高度是钻石台面到底尖的距离，对各种琢型都一样。

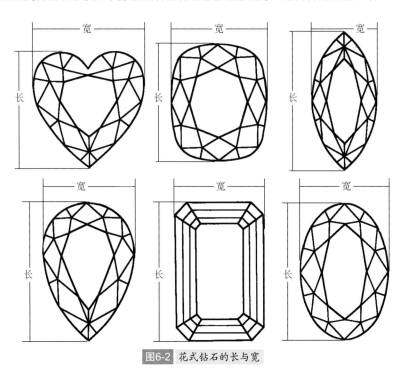

图6-2　花式钻石的长与宽

2. 异型钻石重量的估算方法

针对不同的异型钻石，有不同的重量估算公式。

（1）椭圆明亮式琢型　估算重量（ct）＝平均直径^2×高×0.0062

式中，平均直径等于腰围的长与宽的平均值，即平均直径＝（长＋宽）÷2

（2）心形明亮式琢型　估算重量（ct）＝长×宽×高×0.0061

（3）三角形明亮式琢型　估算重量（ct）＝长×宽×高×0.0057

（4）祖母绿型（长方型）、橄榄型、梨型　估算重量（ct）＝长×宽×高×调整系数

式中的调整系数与长度和宽度之比有关，需先求出长、宽比，然后选择与之相应的调整系数，再代入上述公式，计算出钻石的估算重量。上述三种琢型的调整系数，见表6-3。

表6-3　重量估算调整系数

祖母绿型（长方型）		橄榄型		梨型	
长宽比率	调整系数	长宽比率	调整系数	长宽比率	调整系数
1.00：1.00	0.0080	1.50：1.00	0.00565	1.25：1.00	0.00615
1.50：1.00	0.0092	2.00：1.00	0.00580	1.50：1.00	0.00600
2.00：1.00	0.0100	2.50：1.00	0.00585	1.66：1.00	0.00590
2.50：1.00	0.0106	3.00：1.00	0.00595	2.00：1.00	0.00575

注意事项：

（1）在应用公式计算重量之前，要先计算长宽的比值，根据长宽比选用合适的系数；当长宽比值不等于上述系数时，可以采用内插法选取合适的系数。

（2）以上列出的系数适用于腰棱厚度在中至薄的钻石。如果钻石的腰棱偏厚，则要对计算出的重量作少量的修正。修正的程度与钻石的大小及腰厚的情况有关，修正的参数见表6-4。

表6-4　花式钻估算重量的腰棱厚度修正系数表（据袁心强，1998）

宽度/mm	稍厚	厚	很厚	极厚
3.80～4.15	3%	4%	9%	12%
4.15～4.65	2%	4%	8%	11%
4.70～5.10	2%	3%	7%	10%
5.20～5.75	2%	3%	6%	9%
5.80～6.50	2%	3%	6%	8%
6.55～6.90	2%	2%	5%	7%
6.95～7.65	1%	2%	5%	7%
7.70～8.10	1%	2%	5%	6%
8.15～8.20	1%	2%	4%	6%

表中百分数的使用方法，对按公式计算得到的估算重量再乘上（1+修正系数），即为：

修正后重量（ct）=估算重量×（1+修正系数）

例如，1颗长5.73mm、宽3.82mm、高3.50mm的祖母绿琢型的钻石，其腰棱很厚，查表6-4，宽度属于3.8～4.15mm之间，腰棱很厚对应的修正系数为9%，重量计算如下：

估算重量=5.73×3.82×3.50×0.0092=0.7048=0.70ct

修正后重量=0.70×（1+0.09）=0.763=0.76ct

对于钻石的重量，一个值得注意的现象是克拉台阶现象。由于大多数人对整数克拉钻石的偏爱，导致钻石价格在整数克拉处有一阶梯式的增长，称为克拉溢价（Carat Premiums）或克拉台阶（图6-3），这是由市场需求所造成的，也是重量影响钻石价格的基本规律。例如，1颗重0.98ct和0.99ct的钻石，其每克拉单价是相同的。但1颗1ct的钻石与0.99ct的钻石，其单价就会出现明显的差别。足1ct或稍重钻石的每克拉价比0.99克拉的要高一些，同样，足2ct、3ct的也是如此。简言之，每一整数克拉钻石的每克拉价格呈阶梯式增长，至少重量在10ct以内的均是如此，超过此重量的钻石，溢价现象减弱。市场上常见的1/4、1/3、1/2、3/4等简单分数克拉处，也会出现克拉溢价现象。

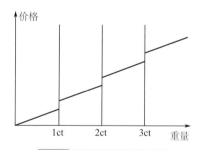

图6-3 钻石的克拉溢价现象

克拉溢价现象与钻石质量也密切相关，一般来说，高质量者，克拉台阶很明显，溢价幅度大；相对低质量者，克拉台阶不明显，溢价幅度较小。只有大颗粒、品质好的钻石，才具有保值、增值功能，而且重量越大，增值越快。

第七章

优化处理钻石及合成钻石的鉴别

钻石是自然界最珍贵、稀有的矿产资源，天然产出的钻石只有约20%可以用于制作首饰。为了更充分地利用天然资源，提高钻石的价值，人们就想到了对钻石进行优化处理研究和合成钻研的研究。

第一节　优化处理钻石的鉴别

优化处理钻石是指以改善钻石的外观为目的，利用除切磨、抛光以外的一些技术手段，改变钻石的颜色、提高钻石净度等级的方法。随着科学技术的进步，优化处理钻石的方法也在不断地提高，从最初的镀膜处理与染色处理改变钻石的颜色，到后来的激光钻孔、充填处理改变其净度、辐照加退火处理改变其颜色，再到20世纪90年代末的高温高压改色处理以及辐照加高温退火处理等。

一、优化处理钻石颜色的方法及其鉴别

对钻石的颜色进行优化处理，就是为了改善钻石的颜色，提高钻石颜色的等级，主要包括以下几种常用的方法。

1. 辐照和热处理改色钻石及鉴别

辐照（Irradiation）改色钻石，是指利用高能电子束、中子、γ射线等辐照钻石，使其产生结构损伤或色心，使钻石的颜色得到改善。此方法主要用于处理颜色不好的、不

理想或较浅的彩色钻石，使其产生鲜艳的颜色或使钻石的颜色饱和度提高，从而提高钻石的价值。辐照钻石几乎可以呈现任何颜色，但颜色不稳定，常常辐照后配合加热处理的方法。最常见的辐照加热改色钻石的颜色有绿色、黄色和褐色（图7-1）。

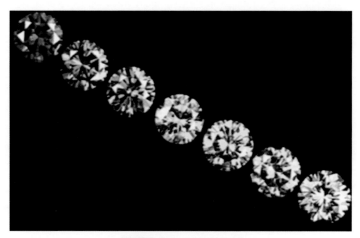

图7-1 辐照处理后的钻石

辐照改色钻石的鉴定是一个难题，通常需要使用紫外-可见光光谱仪、红外光谱仪和阴极发光仪等仪器进行鉴定。其主要鉴别特征如下。

（1）颜色分布特征 天然致色的彩色钻石，其色带为直线状或三角形状，色带与晶面平行。而辐照改色钻石颜色，仅限于刻面宝石的表面，其色带分布位置及形状与琢型形状及辐照方向有关，从亭部方向对圆明亮式琢型的钻石进行轰击后，从台面观察时，可见辐照形成的颜色围绕亭尖呈"伞状"分布，或称伞状效应（图7-2）。

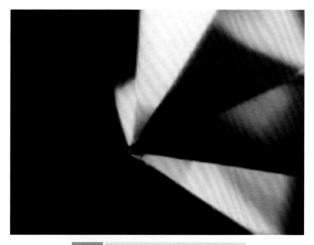

图7-2 辐照处理钻石颜色呈"伞状"

当辐射是从冠部方向开始时，则环绕腰棱可见一深色环。如果从侧面轰击钻石，侧面靠近辐射源一侧颜色加深（图7-3）。

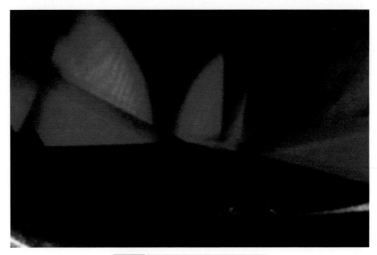

图7-3 辐照处理颜色分布不均匀

（2）吸收光谱　经辐照和热处理的黄色和褐色钻石的吸收光谱，在黄区（594nm）显一条吸收线，蓝绿区（504nm、497nm）处显几条吸收线。经辐照改色后的红色系列钻石，常显示橙红色的紫外荧光，可见光谱中有570nm荧光线（亮线）和575nm的吸收线，大多数情况下还伴有610nm、622nm、637nm的吸收线。

（3）导电性　天然蓝色钻石呈半导体，具有导电性。而辐照处理而成的蓝色钻石，不具导电性。

2. GE-POL钻石（高温高压修复型钻石）及鉴别

1999年3月，美国通用电气公司（GE）和LKI（Lazare Kaplan International）宣布，钻石经过高温高压处理，可以改善颜色的饱和度和明度，从而提高其色级，如从处理前淡彩褐色N-O色级到处理后的D-H色级。采用高温高压方法，将比较少见的 II。型褐色钻石处理成无色钻石，偶见淡粉色或淡蓝色，这种方法改色的钻石称为高温高压修复型钻石。主要鉴别特征如下。

① 经过处理后的GE-POL钻石，色级可至D-H级，晶体包裹体出现明显的一圈应力裂纹或晕圈，某些原来深色的钻石处理之后，部分晶格平面上残留着原色，带褐色调。

② 正交偏光镜下，大部分钻石显中至强的带状或斑纹状的应力消光特征。

③ 放大观察，可见轻微至明显的内部纹理，45%呈雾状外观；晶体包体多为石墨，具有应力裂隙或应力晕。局部可见愈合裂隙，裂隙常到达钻石表面。

④ 激光拉曼光谱有利于鉴定这种方法处理的钻石，3760cm^{-1}的峰线是关键的鉴定依据。

⑤ 通用电气公司曾承诺由他们处理的钻石在腰棱处，使用激光刻上"GE POL"或"Bellataire"字样。

3. Nova钻石（高温高压增强型钻石）及鉴别

1999年12月，美国犹太他州的诺瓦（Nova）公司采用高温高压方法，对钻石颜色进行优化处理，将常见的 I_a 型褐色钻石处理成鲜艳的蓝色、黄色-绿色钻石，这类钻石被称为高温高压增强型钻石或Nova钻石（图7-4）。主要鉴别特征如下。

① 这类钻石具有自然罕见的黄绿色，强的塑性变形，导致强的异常消光，强的蓝色、黄绿色荧光。

② 钻石常带有黄-褐色纹理。

③ 在480 ~ 500nm有强吸收带，503nm处有强吸收线。

④ 激光拉曼光谱在2087cm^{-1}和795cm^{-1}处，存在较强的吸收峰。

图7-4 Nova钻石

4. 涂层和镀层钻石的鉴别

涂层和镀层钻石，是改善钻石颜色外观最传统的优化处理方法，已经有400 ~ 500年的历史。根据颜色互补的原理，在钻石的亭部表面涂上或利用氟化物镀上一层薄薄的带蓝色的、折射率很高的物质，钻石本身的黄色、褐色可以得到淡化，使钻石的颜色等级，提高1 ~ 2个级别。主要鉴别特征如下。

① 利用反射光观察表面，因光的干涉、衍射等作用，钻石表面常显示晕彩效应。高倍显微镜下观察，可见一种彩虹状的表面光泽（图7-5）。

② 用放大镜仔细观察或用溶剂擦拭可以鉴别。在强酸中煮沸几分钟，亦可使其表层颜色褪去。

③ 钢针刻划钻石表面有划痕（图7-6）。

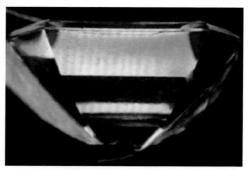

图7-5 涂层钻石的虹彩现象

图7-6 涂层后的钻石表面有划痕

5. 表面镀钻石膜钻石的鉴别

20世纪80年代，日本科学家用化学气相沉淀法（CVD），以较快的速度在钻石表面镀上钻石膜（简称DF）。所谓钻石膜是由碳原子组成的具有钻石结构和物理性质、化学性质、光学性质的多晶质材料。天然钻石是单晶体，钻石膜是多晶体，厚度一般为几十至几百微米，最厚可达毫米级。主要鉴别特征如下。

① 仔细观察镀钻石膜钻石的表面，显微镜放大观察具有粒状结构，而天然钻石不存在这种粒状结构。若镀上彩色膜时，可将钻石置于二碘甲烷中观察，钻石表层会产生干涉色。

② 用拉曼光谱仪测定，天然钻石的特征吸收峰在 $1332\ \text{cm}^{-1}$ 处，因钻石是单晶体，峰的半高宽度窄，优质的钻石膜特征吸收峰在 $1332\ \text{cm}^{-1}$ 附近，峰的半高宽度较宽，质量差的钻石膜特征峰频移大，强度减弱。

二、优化处理钻石净度的方法及其鉴别

对钻石中的内含物加以优化处理，提高钻石的净度级别的方法。

1. 激光钻孔钻石及其鉴别

激光钻孔钻石（Laser-drilling Diamond），利用激光钻孔技术用来移除钻石中黑色或暗色包裹体，达到优化钻石净度的目的，其主要的方法有以下两种。

（1）传统激光钻孔方法 钻石常用激光钻孔的方式，以减少深色包裹体对钻石净度的明显影响。其方法是用激光束烧出直径为0.015mm的非常细的孔，穿过钻石到达包裹体，包裹体可用激光束烧掉或用酸溶蚀去除。然后用玻璃或环氧树脂，将孔充填以防止尘埃进入。

（2）应力裂隙法（KM激光钻孔法） 利用激光加热黑色包裹体，使包裹体的体积膨胀，诱发的应力裂隙延伸到钻石的表面，再用强酸溶蚀黑色包裹体。这种处理，主要用于黑色包裹体靠近钻石表面的情况，通常会留下一个到达表面的呈"之"字形的裂隙。

在10倍放大镜或显微镜下仔细观察钻石，一般情况下，不难确定这种处理钻石，其主要鉴别特征如下。

① 观察钻石表面激光孔眼处的不平"凹坑"。

② 转动钻石，观察线形的激光孔道。激光孔道因充填物的折射率、透明度、颜色与钻石不一致，而呈现较明显的反差。

③ 激光孔充填物与周围钻石颜色、光泽存在差异（图7-7）。

图7-7 钻石的激光孔

2. 裂隙充填钻石及其鉴别

裂隙充填钻石（Fracture-filling Diamond），是为了改善钻石净度的一种人工处理方法，以改善钻石净度为目的，同时还可增强有裂隙钻石的稳定性。它的主要改善对象是具有开放性裂隙的钻石，在高温高压条件下，用高折射率玻璃充填钻石裂隙，可以改善钻石的净度等级，从而提高钻石的价值。充填的过程是在真空中将具高折射率的铅玻璃，注入钻石中延伸到表面的裂隙内，这样可以在一定的程度上掩盖钻石内部的裂隙（图7-8）。《钻石分级》国家标准规定，不对这种处理钻石作"4C"分级评价。

图7-8 充填前后的钻石

　　裂隙充填钻石主要利用放大观察和大型仪器（如拉曼光谱仪、波谱仪、能谱仪、X射线照相技术）检测，通过对充填物的成分物相及充填特征进行分析加以鉴别，其主要鉴定特征如下。

　　① 显微镜下观察，充填裂隙面可具明显的闪光效应，暗域照明下最常见的闪光颜色是橙黄色、紫红色、粉红色，其次为粉橙色（图7-9）。亮域照明下最常见的闪光颜色是蓝绿色（图7-10）、绿色、绿黄色和黄色。同一裂隙的不同部位可表现出不同的闪光颜色，充填裂隙的闪光颜色可随样品的转动而变化。经充填的钻石常常带有朦胧的蓝紫色调，在裂隙表面处的充填物的光泽和颜色，同钻石相比仍有细微的差别。

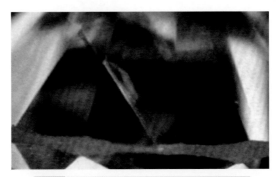

图7-9 充填处理的钻石红色闪光（暗域照明）

图7-10 充填处理钻石的蓝色闪光（亮域照明）

　　② 观察裂隙面特征，在裂隙内可能存在的异形的扁平状气泡、流动构造、充填物絮状结构、充填物较厚呈现的浅棕色或棕黄色等特征。

　　③ 观察充填裂隙表面特征，部分充填物可残留于钻石表面，残留物于裂隙入口处呈云雾状，像抛光留下的痕迹。若是烧痕一般面积较大且和裂隙无关，并且在裂隙表面处的充填物的光泽和颜色，同钻石相比仍有细微的差别。

　　④ 裂隙充填之后，钻石的颜色也会产生变化，在10倍放大镜下，常常会出现朦胧的

蓝紫色调。

⑤ X射线荧光能谱仪检测充填物中的微量元素（特别是铅），铅的存在可作为充填的可靠的证据。

⑥ 钻石在X射线下呈高度透明，填充的物质一般不透过X射线（含Pb、Bi等元素），在底片中呈现出清晰的暗色区域。

第二节　合成钻石的鉴别

合成钻石是在人工条件下合成的一种晶体，其化学成分、晶体结构、物理性质等方面与天然钻石完全相同。目前，世界上许多国家十分重视合成钻石的技术，并开始广泛利用合成钻石。

一、合成钻石的方法

目前，钻石的合成方法主要是高温高压合成法和化学气相沉淀合成法。

1.　高温高压合成法（HTHP法）

钻石和石墨是碳的两种同质多象的变体（同分异构体）。常温常压下，碳以石墨的形式存在，高温（$1300 \sim 1400$℃）高压（5.5×10^9Pa）的条件下，石墨中的碳原子会按钻石的晶体结构重新排列而形成钻石。

目前，宝石级合成钻石通常采用静压法中的籽晶触媒法。此法需采用金属触媒，促进石墨向钻石的转化。金属触媒一般用的是铁镍合金，主要作用是降低石墨向钻石转化的温度和压力条件，提高转化率。此外，金属触媒可以作为碳的溶剂，在适当的温度压力条件下，石墨和钻石都可以溶于触媒，并且石墨的溶解度大于钻石。当压力升高时，二者的差异也增大。因此，当石墨在金属触媒中溶解达到饱和时，对钻石则达到了过饱和。此时，钻石容易从触媒中结晶出来。在宝石级钻石合成过程中，对温度和压力的控制是十分复杂的。

宝石级钻石合成过程中，通常选用天然或合成的钻石粉、或石墨与钻石的混合物作为碳源。使用特定的铁镍合金触媒，原料在高温高压下溶解于铁镍触媒中，当温度降低或压力舱内存在温度梯度，溶解于触媒中的碳达到过饱和，并在籽晶上以钻石的形式结晶出来，并逐渐生长成较大的钻石单晶体（图7-11）。

2. 化学气相沉淀合成法（CVD法）

化学气相沉淀法（Chemical Vapor Deposition，CVD）合成单晶钻石，最常用的是微波等离子体法，这是一种高温（800 ~ 1000℃）低压（常为0.1个大气压）条件下的合成方法。用泵将含碳气体——甲烷（CH_4）和氢气通过一个管子输送到抽真空的反应舱内，靠微波将气体加热，同时也将舱内的一个基片加热。微波产生等离子体，碳以气体化合物的状态分解成单独游离的碳原子状态，经过扩散和对流，最后以钻石形式沉淀在加热的基片上。氢原子对抑制石墨的形成有重要作用。

图7-11 HTHP合成钻石

所谓等离子体简单说就是气体在电场作用下电离成正离子及负离子，通常成对出现，保持电中性。这种状态被称为除气、液、固态外物质的第四态。如CH化合物电离成C和H等离子体。

当基片是硅或金属材料而不是钻石时，因钻石晶粒取向各异，所产生的钻石薄膜是多晶质的。若基片是钻石单晶体，就能以它为基础、以同一结晶方向生长出单晶体钻石（图7-12）。基片起了籽晶的作用。用作基片的钻石既可以是天然钻石，也可以是高压高温合成的钻石或CVD合成钻石。基片切成薄板状，其顶、底面大致平行于钻石的立方体面，即{100}面。此外，适当掺杂不同元素可使合成钻石呈现不同的颜色，如掺硼可使钻石呈蓝色，掺氮可呈褐色。

图7-12 CVD合成钻石

二、合成钻石的鉴别

近年来，随着钻石合成技术的不断发展，合成钻石的成本得到了有效降低，产量成倍增长，合成钻石的品质越来越好，近无色洁净者越来越多。据资料报道，2013 年，已有 CVD 合成钻石进入市场，其报价比天然钻石低 10% ～ 50%。

合成钻石与天然钻石的化学成分、晶体结构、物理性质完全一致，肉眼根本无法辨别。只有配备了高精尖专用设备的实验室，通过仔细检测才能分辨出来。由于合成钻石与天然钻石的形成条件不同，在某些宝石学特征方面与天然钻石也存在着一定的差异，因此，在有条件的情况下，是可以鉴别出来的。合成钻石与天然钻石的鉴别特征，见表 7-1。

表 7-1　天然钻石与合成钻石鉴别

特征	天然钻石	HTHP 合成钻石	CVD 合成钻石
颜色	无色、带黄色调、带褐色调、带灰色调，粉红、红、黄、蓝、绿等颜色	近无色、浅黄色、黄到褐色，甚至蓝色	近无色，颜色级别多在 I-J 色
晶体形态	常见八面体，晶面常为粗糙弯曲的表面，圆钝的晶棱，可以见三角形倒三角、生长花纹晶面蚀像或生长阶梯等表面特征	立方体与八面体的聚形，晶面上常见叶脉状、树枝状（图 7-13）、瘤状物（图 7-14）表面特征，某些晶体可见籽晶	晶体呈板状（图 7-12）
包裹体	金刚石、透辉石、石榴石等天然矿物晶体包体（图 1-23 ～图 1-25）	板状、棒状、针状金属包体（图 7-15）	可见不规则状、点状黑色包裹体。与天然钻石中的包体相似，不具金属光泽
生长纹	平直	"沙漏状"的生长纹，不规则的颜色分带	可有平行色带。具有该合成方法特征的层状生长纹理
紫外荧光	多数为蓝白色（图 7-16），长波发光强于短波	LW 下常呈惰性，SW 下有明显的分带现象，为无至中的淡黄色、橙黄色、绿黄色不均匀荧光，局部可有磷光	LW 和 SW 下有典型的橙色荧光（图 7-17）
阴极发光	显示较均匀的蓝色-灰蓝色荧光（图 7-18），偶见小块黄色和蓝白色发光区，但分布无规律	不同的生长区发出不同颜色的荧光（图 7-19、图 7-20），以黄绿色荧光为主，常常可见各生长区内发育的带状生长纹理	
磁性	不会被磁铁吸引	有些含金属包体而被磁铁吸引	
吸收光谱	多数开普系列钻石可见 415nm 处吸收线	缺失 415nm 吸收线	
异常双折射	复杂，不规则带状、魔块状的十字形（图 7-21）	很弱，较简单，呈十字形交叉的亮带	强的异常消光（图 7-22）
色带	大多数较均匀	颜色分布不均匀，有时呈魔块状	
钻石类型	大多数是含聚合氮的 I_a 型	大多数合成钻石是含单氮的 I_b 型	不含氮的 II_a 型

图7-13 HTHP合成钻石的表面特征

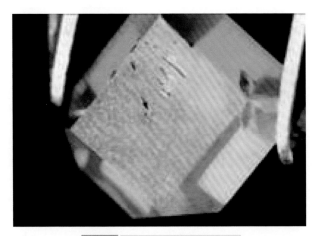

图7-14 合成钻石晶体表面瘤状物

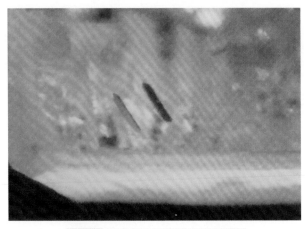

图7-15 合成钻石中拉长状的金属包体

图7-16 天然钻石的紫外荧光

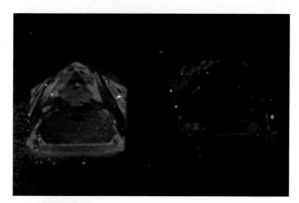

图7-17 CVD钻石在紫外荧光下典型的橙色荧光

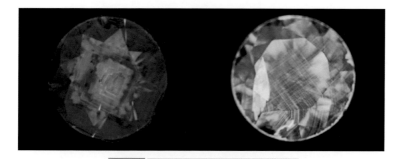

图7-18 天然钻石显示变化的阴极发光图

左—近无色的 I_a 型天然钻石；右—黄色的 I_b 型天然钻石

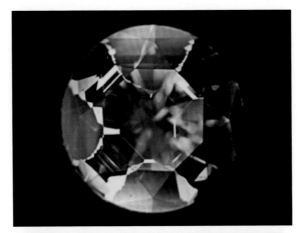

图7-19 HTHP法合成钻石的阴极发光图，显示分带现象

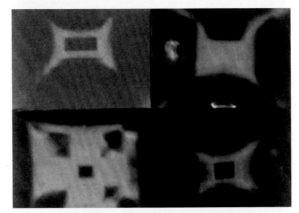

图7-20 HTHP合成钻石的阴极发光

图7-21 在正交偏光下，天然Ⅱ型钻石的异常双折射条纹图案（钻石形成后期塑性变形造成）

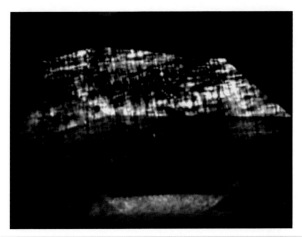

图7-22 CVD钻石中类似于"榻榻米"结构的异常双折射（从平行于晶体生长的方向观察）

天然钻石中因应力导致的异常双折射可大致分为两类：其一，形成于生长过程中；其二，形成于后期塑性变形过程中，后者能有效证明钻石为天然产出。II型钻石中由塑性变形产生的应力导致的典型异常双折射，被称为"榻榻米"结构。尽管CVD钻石也属于II型钻石，却不显示"榻榻米"结构。但是，当从平行于生长方向去观察（常常沿着垂直于台面的方向），可观察到类似于"榻榻米"的结构，所以需要小心鉴别。

此外，使用钻石确认仪（DiamondSure™）和钻石紫外荧光仪（DiamondView™）有助于合成钻石的鉴别。

钻石确认仪（DiamondSure™，图7-23），是一种快速的天然钻石筛选仪器，可以鉴定天然抛光钻石或对无法确定的样品建议做进一步分析。钻石确认仪可以检测重量在0.10～10ct范围内的无色-浅黄色（Cape系列）抛光钻石，但对优化处理的钻石，如激光打孔、辐照、裂隙充填和热处理钻石则无法分辨。

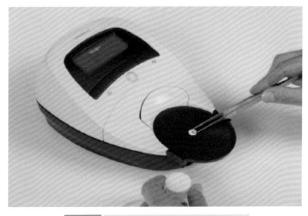

图7-23 钻石确认仪（DiamondSure™）

钻石确认仪的设计原理是，检测天然钻石中由N3引起的415.5nm吸收光谱，98%以上的天然钻石都具有该吸收线。这种仪器的使用非常简单，将抛光的待测样品台面朝下放在一个探测器上，这时仪器将自动检测并分析样品的可见光吸收光谱，几秒后显示屏上将出现测试结果。显示"Pass"说明样品为天然钻石，无需做进一步检测；显示"Refer for further tests"，说明样品需进行进一步测试，大约只有1%的天然钻石需进行进一步测试，这其中包括了稀少的 II 型钻石和极少部分 I 型钻石。对于HTHP处理钻石、CVD合成钻石及钻石的仿制品（例如合成碳硅石）仪器也会准确地进行分辨，提示进行进一步检测。

钻石紫外荧光仪（DiamondView™，图7-24），其原理是将钻石暴露于强短波紫外辐射下，使用CCD 摄像机采集荧光及磷光图像，并以此鉴别天然钻石及合成钻石。钻石紫外荧光仪不仅可以观察钻石的荧光图像，也可以用来观察磷光图像。可以检测钻石重量的范围为0.05 ～ 10ct。

图7-24　钻石紫外荧光仪（DiamondView™）

由于天然钻石与合成钻石的生长环境、生长方式不同，导致不同生长面的不均匀杂质浓集，产生了不同结构的荧光图像，而通过这些图像可以明确识别出天然钻石及合成钻石。天然钻石的生长环境较为复杂，因此发光区域形态通常复杂多变，分布无规律性，但发光通常相对均匀，通常为蓝色。高温高压法（HPHT）合成钻石，由于八面体 {111}、立方体 {001}、十二面体 {110} 等面的同时发育，呈现出一种立方 - 八面体晶型，虽然切磨后其晶型消失，但在钻石紫外荧光仪的强紫外荧光下，仍呈现为典型的"块状生长"或"黑十字"式的发光图案（图7-25）。

图7-25 高温高压合成钻石的"块状生长"荧光图案

　　CVD 法合成钻石的生长方式和天然钻石有着本质上的差异。CVD 合成钻石通常为 II_a 型，但由于其层状的生长方式，生长面上不同生长阶段氮元素掺杂量的差异使其呈现了典型的近于平行的层状生长结构特征（图7-26）。

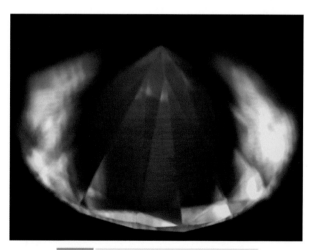

图7-26 CVD合成钻石的层状生长结构图案

第八章

钻石的仿制品及其鉴别

钻石仿制品是指与钻石具有完全不同的化学成分、晶体结构和物理性质，但与钻石具有相似的外观，而仿冒钻石的天然矿物或人工材料。

钻石的稀少、璀璨和所具有的昂贵价值，导致了人们使用廉价材料来仿冒钻石。早在古代印度，就用与钻石具有相似外观的其他宝石来仿冒钻石。例如，天然的锆石、刚玉、绿柱石和尖晶石等。

现今，能够仿冒钻石的材料日益增多，仿制品与钻石也越来越相似。仿冒钻石最为有效的是一些人工材料。例如，铅玻璃早在18世纪就被用作钻石仿制品。如今称为"奥地利钻石"的材料，就是一种色散率与折射率都比较高的铅玻璃。

在众多的仿钻材料中，立方氧化锆和莫桑石具有比铅玻璃更适合做钻石仿制品的物理性质，其外观与钻石更相似，问世之初，不仅一般消费者，甚至专业人士也受其蒙骗。

在进行钻石品质分级的同时，识别出钻石仿制品，是珠宝首饰业界人士必须具备的能力。要具有这种能力，除了应熟知现有的仿冒材料的性质和特征之外，还应该始终保持警惕性，并提防新的仿钻品种的出现。

第一节 钻石仿制品的种类

现代用于仿冒钻石、制作仿钻首饰的材料，主要是各种各样的人工合成材料。在20世纪初见于珠宝市场，用来仿冒钻石的人工晶体是用焰熔法合成的无色蓝宝石和尖晶石。这两种仿钻材料，都有较大的硬度，但折射率和色散率都比较小，切磨成的仿钻后，表面苍白无光，火彩弱。目前，已很少再用作钻石仿制品。但无色的合成蓝宝石，在制表业中得到了新用途，被称为"永不磨损的表壳玻璃"。

1947年，焰熔法合成的金红石，具有很高的折射率和色散率，色散率比钻石的色散率高出6倍，切磨抛光后，具有极强的火彩。虽然合成金红石切磨后非常漂亮，但与钻石却有着很大的差别，其最大的缺陷是硬度太低，摩氏硬度仅为4左右，不适于制作首饰。因此，这种材料没有成为重要的钻石仿制品。在现今的珠宝市场上，已很难找到合成金红石。

1953年，用焰熔法合成的钛酸锶是一种折射率与色散率都很高的材料，当时称为"彩光石"（Fabulit），其折射率为2.40，色散率0.19，约是钻石的4倍，切磨之后，其外观比合成金红石更像钻石。但是，钛酸锶的硬度仍然太低，摩氏硬度仅为5左右。目前，在市场上已很难见到。

钇铝榴石（Yttrium Aluminum Garnet，YAG），于1960年见于珠宝市场，是当时常见的钻石仿制品。摩氏硬度约为8，硬度虽然较大，但折射率仅为1.83，色散率仅为0.028，几乎只有钻石的一半，所以亮度和火彩远不及钻石。目前，在市场上较为少见。

钆镓榴石（Gadolinium Gallium Garnet，GGG），折射率为2.03，色散率为0.038，与钻石相当接近，切磨成圆明亮式琢型之后，具有与钻石相似的外观，摩氏硬度为6.5。但是，在紫外光的照射下，钆镓榴石会变成褐色，并产生雪花状的白色内含物。这种现象会因阳光中所含的紫外光所诱发，成为制造仿钻的一项不利因素。

合成立方氧化锆（Cubic Zirconia，CZ），折射率为2.15，色散率为0.056，与钻石都比较接近，硬度也较高，摩氏硬度为8.5，切磨和抛光性能好。1976年，前苏联把无色立方氧化锆作为钻石的仿制品推向市场，便迅速取代了其他的钻石仿制品，一跃成为最流行的仿钻。CZ切磨成圆钻琢型后，其亮光和火彩与钻石相近，成为最好的钻石仿制品之一。立方氧化锆制作的仿钻，有时被不适当地称为"俄国钻"、"苏联钻"等。

合成碳化硅（SiC），商业名莫桑石（Moissanite），折射率为2.648～2.691，色散率为0.104，均比立方氧化锆高，表面具有与钻石相同的金刚光泽，且硬度更高，摩氏硬度达9.25，切磨成圆钻形琢型后，火彩更强，比以往任何仿制品更接近钻石。1998年6月，美国C3公司将其作为一种新的钻石仿制品推向市场，由于合成碳化硅的各种特性比立方氧化锆更接近钻石，尤其它的导热性很好，经钻石热导仪测试，其反应和钻石一样。因此，合成碳化硅（莫桑石）是目前最佳的钻石仿制品。

仿钻的品种虽然很多，但是与钻石相比，仍有许多不同之处。有经验的珠宝商或鉴定师，在10倍放大镜下或辅以简单的方法不难加以区别。即使在已经镶嵌成首饰的情况下，也同样不难区别。但是，准确地确定出仿钻的品种，则不是一件容易的事情，需要做更多的研究。

第二节 钻石与钻石仿制品的鉴别

一、肉眼观察光泽及"火彩"

钻石具有强的金刚光泽，色散率高，出火好，折射率高，硬度高，粒度小。抛光完好的钻石其反光强，给人以刺眼的感觉。标准切工的钻石，能很好地呈现出五光十色、具跳动感的钻石"火彩"。钻石的"火彩"中蓝色居多，很少有彩虹般的多"火彩"色的钻石（图8-1）。

图8-1 钻石的"火彩"

折射率比钻石低的仿钻，其亮度、火彩和光泽比钻石的弱，看起来缺乏生气。例如，水晶、托帕石、合成尖晶石、合成蓝宝石、人造钇铝榴石等，都可以根据光泽和"火彩"特别弱的特征，而与钻石相区别。

折射率与钻石接近的材料，如钛酸锶、合成金红石，其色散率很大，切磨之后，火彩很强，色散形成的颜色明显可见，据此可与钻石区别。

折射率和色散率与钻石差异较小的材料，如锆石、钆镓榴石、立方氧化锆、莫桑石等，需要在实践中积累一定的经验后，才能在肉眼观察下，与钻石区别开。

锆石与钻石具有相似的"火彩"，但天然锆石有大的双折射率，具有明显的"刻面棱重影"现象，棱线极易磨损。有经验的鉴定师，很容易将其与钻石区别开。

立方氧化锆（CZ）的色散率比钻石高，所以"火彩"的颜色多样，且橙色较多，尤其在太阳光下更易察觉（图8-2）。

图8-2 立方氧化锆的火彩

二、放大观察

放大镜是一种简便而有效的仪器，应用它能观察到许多与宝石的性质有密切联系的现象，获得区别不同宝石的依据。观察时要有目的地从切工特征、切磨特点、内含物、刻面棱重影等各个方面进行观察。

1. 切工特征

切磨成圆明亮式琢型（或其他琢型）的仿钻，其材料特性、加工工艺和精心程度等方面与钻石相比，存在很大的差异，据此可以作为仿钻的识别标志。

（1）圆明亮式琢型的特征　对标准的圆明亮式琢型的各个刻面的大小，都有一定的要求，尤其是亭部的上腰小面要磨得很长，要深入到底尖附近，使得下主小面呈细长的竹叶状。而仿钻则往往有各种偏离（图8-3），其下主小面常常比较大。

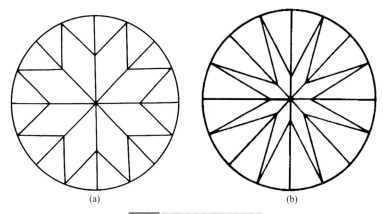

（a）　　　　　　　　　　　（b）

图8-3 圆明亮式琢型的特征

仿钻的亭部下主小面较大（a），（b）为钻石的亭部特征

（2）切磨特点　与仿钻相比，绝大多数钻石具有好的切磨质量，具有面平、棱直、角尖锐的特点，且比例合适、修饰度好，多条面棱总是相交于一点，各个小面的形状与大小基本一致。

仿钻制品价值较低，切工质量往往较差，常常出现切工比例失衡、同种刻面大小不等、腰棱上下相对小刻面角顶严重错位，面棱往往不相交于一点的现象（图8-4、图8-5）。

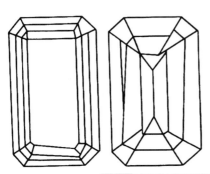

图8-4　仿钻的切工面棱往往不相交于一点，对称性较差

图8-5　钻石与CZ切工质量对比（左图为钻石，右图为CZ）

2. 表面特征

钻石由于硬度极高，在研磨后刻面极为平整、光滑，而且刻面与刻面之间的棱线非常平直、锐利。而大多数仿制品，因硬度低，刻面相对没有那么光滑，棱线也较圆钝，甚至会有许多碰伤和缺口。

3. 腰部特征

为了最大程度保留钻石的重量，钻石加工时常常会在腰棱下方，保留有钻石晶体原始表面的一部分（原晶面），钻石的原晶面具有较暗淡的光泽，有时还可以观察到蚀像、阶梯状、三角形生长纹或解理面等现象。钻石的腰部通常为"粗磨腰"，具有均匀的毛玻璃状表面，少数情况下为"抛光腰"，钻石的腰上一般少见研磨痕迹。钻石在打圆过程中，如果所施压力过大，会使腰部造成细如发状的小裂纹，形成"须状"腰棱，另外如受到外力作用，钻石腰部也常常形成深入其内，小而窄的"V"形破口。"须状"腰棱和"V"形破口与钻石的解理性质相关，也是鉴定钻石与仿钻的主要标志之一。

立方氧化锆（CZ）的腰棱是用钻砂研磨的，也呈粗糙毛玻璃状，与钻石粗磨腰棱不同的是，CZ的腰上常常有与腰棱平行或斜交的研磨线。大多数莫桑石采用抛光腰棱，并且抛光质量较好。如果在腰部范围内有斜纹则是仿制品。

4. 内含物特征

利用内含物特征可区分钻石及其仿制品、天然钻石、合成钻石和钻石的优化处理品等。

（1）天然矿物的晶体包体　钻石内部可含特有的天然矿物晶体包裹体，如橄榄石镁铝榴石、铬透辉石、石墨、铬尖晶石、黑云母、磁铁矿和钛铁矿等。钻石仿制品内部，可能含有圆形的气泡。矿物晶体包裹体的出现，可作为鉴别钻石与仿钻的一种十分典型的依据。

（2）羽状裂隙　钻石具有4组中等解理，仔细观察时会发现有平直的解理裂隙或平行的由解理诱发的条纹。而大多数仿钻的裂隙面，呈曲面状。

（3）生长结构　钻石具有平直的生长纹、双晶纹以及腰棱上会留有原晶面上的晶面纹理。

仿钻往往没有内含物，少有裂隙，通常也不带色调，有时可见圆形气泡，例如CZ、莫桑石内部，常常含有细长的白色针状包裹体。因此，内含物是钻石和仿钻的重要鉴别特征。

5. 刻面棱重影

具有双折射性质的仿钻材料，当双折率较大时能形成明显的刻面棱重影现象，据此可与单折射的钻石区别。锆石、铌酸锂、合成金红石和莫桑石的双折率分别为：0.059、0.090、0.278和0.043，在10倍放大镜下均可见明显的刻面棱重影（图8-6）。但在观察时，应注意从不同的方向进行观察。

图8-6　仿钻的重影现象

三、钻石热导仪检测

钻石热导仪（又称钻石检测仪），是根据钻石对热的传播速度极快（极高的导热性）的原理制成的，是区分钻石和仿钻的一种便携式仪器（图8-7）。天然钻石具有良好的热导性，故热导率大，散热也快。而仿钻和绝大多数宝石的热导率小（表8-1），因此散热也慢。钻石热导仪通过被测样品的散热速率来分辨确定钻石的真伪。

表8-1　常见宝石及材料的相对热导率（以尖晶石热导率为基数1）

宝石及材料	相对热导率	宝石及材料	相对热导率
钻石	56.9～170.8	钙铝榴石	0.48
莫桑石	19.58～60.52	碧玺	0.45
银	44	橄榄石	0.41
金	31	锆石	0.39
红蓝宝石	2.96	绿柱石	0.34～0.47
黄玉	1.59	铁铝榴石	0.28
尖晶石	1	镁铝榴石	0.27
赤铁矿	0.96	钙铁榴石	0.26
红柱石	0.64	坦桑石	0.18
金红石	0.63	玻璃	0.08
水晶	0.5～0.94	立方氧化锆（CZ）	0.20
翡翠	0.4～0.56		

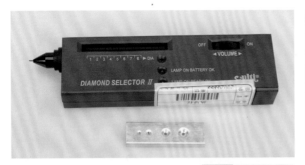

图8-7　钻石热导仪

热导仪由热探针、电源、放大器和指示系统四个部分组成。热探针与微型加热器接触，接通电源后加热器将持续供热从而热探针温度升高，当热探针接触钻石表面时，热量迅速散失，温度下降，通过热电偶测出温度变化，并通过放大器以及蜂鸣器指示系统显示结果。除莫桑石外，其他仿钻材料的热导率均远远小于钻石，当接触热探针时无法检测到同样的温度下降。所以，除莫桑石以外，通过热导仪检测，可以区分钻石与其他钻石仿制品。

热导仪的使用方法如下。

① 室温条件下，擦干净宝石并保持干燥。

② 打开热导仪开关，调节绿色光标数目，接通电源后预热30s左右。

③ 热探针垂直对准测试宝石刻面并施加轻微压力，勿使热探针与金属物品接触。

④ 热导仪传递光和声音信号，发出蜂鸣叫声的是钻石或莫桑石，其他的仿钻都不会出现蜂鸣声。但莫桑石具有刻面棱重影现象，因此，放大观察与热导仪两者结合起来，也很容易区分钻石和莫桑石。

热导仪检测的影响因素如下。

（1）样品的大小　热导仪对大的样品比小的样品有更强的显示。对未镶嵌的样品，应该放在专门用来放置样品的由热导率较高的金属制作的热池上。对镶嵌的样品，也要注意样品大小可能造成的差别。在具体的检测过程中，应根据样品的大小，进行测试条件的设定。

（2）样品的温度　样品的温度也会影响热导仪的测试结果。样品的温度越高，热导仪的显示也就越弱。用热导仪检测的样品，应具有与室温一致的温度。可能导致样品温度不同于室温的原因有以下几个。①体温。如果样品一直被佩戴，或者刚从衣袋里拿出来，或用手持拿，都可使样品升温，使之与室温不同。当差异较大时，可能造成测试错误，钻石将不显示钻石反应。②热探针。由于热探针的温度较高，测量之后会使样品的温度略有升高。如反复测量，则会导致样品升温。温度升高的样品，热导仪反应迟钝，可能出现错误信号。所以，对同一样品的重复测试，应该确保每次测量之间有时间间隔，使样品的温度恢复到室温后，再做下一次测试。

（3）测试压力　测试压力指热探针与样品接触的压力，其大小也会影响热导仪的测试结果。在使用时，用力要恒定，不可忽重忽轻，也不能过分用力，否则会损坏热探针。

（4）其他因素　环境温度的急剧变化也会影响测试结果。例如，在电风扇下因气流的运动，也会对热导仪测试产生不利的影响。

所以，使用钻石热导仪时，应该掌握有关的知识和技巧。这样，才能保证测试结果的正确性。

四、呵气试验

呵气试验利用了钻石的热导率很高，而仿钻的热导率（除个别外）远低于钻石的特性。如果对钻石呵气，钻石蒙上的水汽会很快蒸发掉，而仿钻则相对较缓慢。热导率越

低，蒸发的速度越慢。但需要注意的是，水汽的蒸发速度与室温有一定的关系。一般来说，室温越高，蒸发的速度也越快。所以，在做呵气试验时，需要有已知样品进行比较，其结果更为可靠。呵气试验时，要在放大镜下观察水汽蒸干的过程。这一检验方法，不宜在夏季使用。呵气试验简便易行，在一定的条件下，可以帮助区别钻石与仿钻。

五、紫外荧光检测

紫外荧光检测适用于群镶首饰。群镶钻石在紫外荧光下，不发荧光或发出不同颜色和强度的荧光。黄色系列钻石常显蓝色荧光；褐色钻石具黄绿色荧光；鲜黄色钻石具黄色荧光；少数钻石具有粉红色荧光。显示亮蓝色荧光的钻石常显示浅黄色磷光，这种发光性组合是鉴别钻石的特征之一。群镶仿钻材料的荧光强度或颜色，则完全相同。常见的仿制品立方氧化锆，在长波紫外光下，不发荧光或发浅黄色荧光。莫桑石在长波紫外光下，不发荧光或发微弱的橙色荧光。

六、相对密度的测定

① 静水称重法测定钻石的相对密度，可以区别钻石和仿钻材料。

② 利用二碘甲烷比重液，可以区别钻石和莫桑石。钻石在二碘甲烷溶液中下沉，而莫桑石则上浮。

③ 钻石的切磨是为了产生最大的亮度和火彩，切磨通常是按理想比例进行的，可根据一些经验公式计算不同琢型钻石的近似重量，若计算重量与实际重量差值大于20%，则可怀疑是钻石仿制品。如标准圆钻型镶嵌或未镶嵌的钻石，可根据腰棱直径查近似重量的对照表。例如，3.8mm约为0.2ct，5.2mm约为0.5ct，6.5mm约为1ct，8.2mm约为2.05ct。但是，由于莫桑石的相对密度与钻石接近，则用此法不能区分。

七、亲油性试验

钻石具有亲油性，用油性笔在钻石上可画出连续的线条，而在仿钻上划线条则不连续。钻石对油脂的吸附力强，用手触摸后指纹就会留在钻石表面上。钻石具较高的疏水性，水滴在钻石上不会散开，如果将钻石台面洗净，使它毫无油脂，将小水滴点在钻石上，水滴不会散开。个别仿制品的亲水性比钻石强，滴在其上的水滴会很快散开，则说明是钻石的仿制品（图8-8）。但大多数的仿制品，如CZ、YAG、锆石等，也能在表面形成与钻石相似的水珠。因此，这种方法在实际钻石检测过程中，使用意义不大。

(a) 钻石

(b) 立方氧化锆

(c) 仿制品

图8-8 托水性试验

八、透视效应

透视效应是指从亭部透过样品看到冠部一侧图像的清晰程度。这一方法适用于区别标准圆钻型琢型的钻石和仿钻。折射率低于钻石的仿钻，透视效应较强。折射率与钻石相近或高于钻石的仿钻，透视效应弱，并与钻石的透视效应程度相近。在画有黑线的白纸上，把钻石或仿钻台面朝下，放在黑线上，垂直地从亭部一侧透过样品，观察压在台面下的黑线。切工比例好或较好的标准圆钻，看不到黑线。折射率很高的仿钻，如钛酸锶和合成金红石，也看不到黑线。而其他折射率较低的仿钻，则可以看到黑线。仿钻材料的折射率越低，观察到的黑线越清晰（图8-9）。

此法仅适用于标准圆钻型钻石，其他花式琢型的钻石或仿钻石的鉴别则不适用。已镶嵌的钻石样品，也不适用于这种方法。此外，切工比例太差的圆钻也不适用。如果钻石上沾有液体，则会具有可看透性。

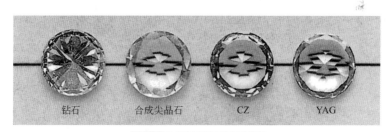
钻石　　合成尖晶石　　CZ　　YAG

图8-9 线条试验及透视效应

九、莫桑石/钻石检测仪

热导仪不能分辨钻石和莫桑石，美国C3公司专门设计生产了590型莫桑石/钻石检测仪，用于热导仪测试之后快速分辨钻石和莫桑石。其设计原理是，钻石与莫桑石在近紫外光区（425nm）具有不同的透光性。该仪器必须与热导仪配合使用，当热导仪显示样品可能是钻石时，才可以使用莫桑石/钻石检测仪，将两者区分开。

实际上，每一种新的仿钻材料，都具有与钻石相似的某些方面，若不熟知仿钻材料的性质和特点、不具备识别仿钻的技能，就很容易把它们与钻石混淆。鉴别时主要依据它们的物理性质和光学性质，钻石与仿钻材料的特征，见表8-2。

表8-2 钻石及仿制品特征

宝石名称	折射率	双折射率	相对密度	色散	硬度	其他特征	备注
钻石	2.417	均质体，具异常双折射	3.52	0.044	10	金刚光泽，棱线锋利，交点尖锐	
莫桑石（SiC）	2.648～2.691	0.043	3.22	0.104	9.25	明显的刻面棱重影，白线状包体，导热性与钻石接近	
立方氧化锆（CZ）	2.09～2.18	均质体	5.60～6.0	0.060	8.5	很强的色散，气泡或助熔剂包体；在短波下发橙黄色荧光	
钛酸锶	2.409	均质体	5.13	0.190	5.5	极强的色散，硬度低，易磨损，含气泡包体	相对密度大
钆镓榴石（GGG）	1.970	均质体	7.00～7.09	0.045	6.5～7	相对密度很大，硬度低，偶见气泡	
钇铝榴石（YAG）	1.833	均质体	4.50～4.60	0.028	8～8.5	色散弱，可见气泡	
白钨矿	1.918～1.934	0.016	6.1	0.026	5	相对密度大，硬度低	
锆石	1.925～1.984	0.059	4.68	0.039	7.5	明显的刻面棱重影，磨损的小面棱，653.5nm的吸收线	可见明显的小面棱重影
合成金红石	2.616～2.903	0.287	4.6	0.330	6.5	极强的色散，硬度较低，双折射很明显，可见气泡包体	
无色蓝宝石	1.762～1.770	0.008～0.010	4.00	0.018	9	双折射不明显	可用折射仪测定折射率和双折射率
合成尖晶石	1.728	均质体，具异常双折射	3.64	0.020	8	异形气泡包体，在短波下发蓝白色荧光	
托帕石	1.610～1.620	0.008～0.010	3.53	0.014	8	色散弱，双折射不明显	
玻璃	1.50～1.70	均质体，具异常双折射	2.30～4.50	0.031	5～6	气泡包体和旋涡纹；硬度低，易磨损；有些发荧光	

无论采用什么方法，熟知钻石和仿钻的基本特征，进行综合分析、对比、研究均是十分重要的。虽然钻石所具有的基本特征和鉴别依据，不可能完全适用于所有与其相似的宝石及其仿制品，但总有1～2项是起主导作用的，或已被实践证明是卓有成效的。

钻石与立方氧化锆（CZ）的区别在于，后者的硬度比钻石低，密度比钻石大，热导率比钻石低很多，已镶嵌者可用呵气试验，将其与钻石分开。因为在立方氧化锆上吹气之后，其"雾气"的蒸发比钻石慢。

钻石与合成碳化硅（莫桑石）最为相似，能通过钻石热导仪的检测，但莫桑石有极大的双折射率，可以通过观察重影现象、白线状包体与钻石区别。

钻石与锆石之间也有许多相似之处，但锆石为一轴晶，有明显的重影现象，色散及出"火"弱，硬度又比钻石低，具有"纸蚀效应"。

钻石与尖晶石同为等轴晶系，都具均质性，但二者的区别在于尖晶石的硬度、折射率、色散等均比钻石低，"火彩"弱。

钻石与合成金红石的区别在于，金红石含有球状气泡包裹体，密度、折射率、色散均比钻石高，特别是其色散极强，具有比钻石强得多的"火彩"。

钻石与钛酸锶的区别在于，钛酸锶在放大镜下缺乏钻石的光辉，外观几乎似黄油状，并可见到球形气泡包裹体，在紫外线照射下钛酸锶无荧光，但钛酸锶的色散比钻石强，出"火"性好，有强烈的"火彩"，其硬度比钻石低得多，饰品经佩戴一段时间，各小面的棱角变得圆滑，密度也比钻石大。

钻石与钇铝榴石（YAG）外观相似，但钇铝榴石的硬度比钻石低、密度比钻石大、折射率比钻石小、色散比钻石弱。特别是密度大，出"火"弱，火彩少，完全可以与钻石相区别。

钻石与钆镓榴石（GGG）的区别在于，钆镓榴石在短波紫外线照射下，能发出橙色和橙红色强荧光。在长波紫外线照射下，无荧光显示。并且硬度低、密度大，内部含有三角形片状包裹体和微小球形气泡包裹体。

第九章

钻石贸易及钻石市场

钻石贸易是全球化的国际贸易，钻石市场也是国际性的市场，并且钻石产品往往与世界金融关系密切，这是钻石与其他宝石完全不同的地方。

第一节 戴比尔斯和钻石贸易

一、戴比尔斯联合矿业集团公司

戴比尔斯联合矿业集团公司（De Beers），是在由英国人赛西尔·洛兹（Cecil John Rhodes），于1888年在南非创立的戴比尔斯联合矿业公司的基础上发展起来的。

1902年，厄内斯特·奥本海默（Ernest Oppenheimer）爵士接任戴比尔斯董事会主席，使戴比尔斯联合矿业公司进一步发展成为戴比尔斯联合矿业集团公司，戴比尔斯终于成为国际性钻石矿业公司。该公司创立的宗旨就是为了稳定钻石市场。奥本海默认为应该建立一个稳定而有秩序的钻石原石市场体系。所有钻石原石都应当由一个唯一的销售机构进行销售，这个机构应具有强大的经济实力和丰富的经验，这样可以调节钻石的需求走向，确保市场的稳定。1934年，他倡导成立了戴比尔斯中央销售组织（Central Selling Organization，CSO），总部设立在伦敦。其目的是建立一个长久而可靠的制度去平衡供求，维持整个钻石市场的稳定和繁荣。中央销售组织以其卓越的组织能力和庞大的财力，联合各国独立矿山，形成一个对采购与销售有控制力的机构，在钻石的供求量上予以调节。在经济萧条时，紧缩钻石的供应量，以维持钻石的价格不致下跌；在经济景气时，放宽钻石的供应量，以满足市场的需求，并抑制钻石价格的过分上扬，使钻石价格维持着稳定增长的势头，使钻石成为值得人们信任的投资商品。从20世纪50年代开始，钻石销售在世界贸易中形成了独特的销售模式——CSO单一渠道销售系统，使钻石毛坯成为极具垄断性的商品。钻石单一渠道销售系统的建立，使世界钻石市场建立了一种长久的动态供求平衡，避免了钻石市场随世界经济形势的变化而发生急剧的动荡，促进了全球钻石市场的健康发展。

1975年至1980年间，由于经济的高速发展，使得钻石业出乎寻常地兴旺，市场对钻石的需求急剧增长，造成了一股"抢购"风潮，以致许多投资者纷纷出资设立钻石公司。在以色列优质钻石可用于银行高价抵押贷款，钻石的价格被哄抬到史无前例的高位，钻石市场几乎失去控制。1981年，世界经济开始出现不景气，投资型的优质钻石价格大幅度下跌，2～3年间平均下跌了40%～60%，不少钻石公司都在此间纷纷倒闭。

此时的戴比尔斯在艰难的营销活动中，通过减少钻石原石的供应量来调节市场，稳定钻石价格。1984年至1985年，钻石的价格保持着持平的状态，1986年以后，钻石的价格开始以5%～15%的增值幅度，逐年稳步增长。

戴比尔斯公司是世界上最大的钻石垄断组织，控制和垄断着世界钻石业。它在保持世界钻石业稳定发展的格局中，扮演着决定性的作用。除了开采及生产钻坯外，戴比尔斯更担负起了为全球大部分钻石原石分类、评级、估值及销售工作。其业务涉及"钻石供应链"的各个范畴，从找矿探勘、开采、切割、打磨、设计，直至最终到达消费者的整个过程。

戴比尔斯的创立和经营，对全球钻石业产生了深刻的影响，其贡献主要包括以下方面。

① 聘用多国优秀的地质学家，参与全球钻石找矿勘查及评价工作，利用现代高新技术从事钻石矿产资源的勘探和开采，协助各主要钻石生产国勘探和开采钻石资源。

② 通过对主要钻石生产国的钻石矿直接或间接地投资，参与钻石矿产资源的开采与收购，使钻石资源的开采得到了有效地控制，从而控制了钻石的市场供应量。

③ 戴比尔斯所属的外围钻石收购站，对流入公开市场的钻石进行外围收购，避免了因钻石走私等因素，对钻石市场的供需平衡产生大的影响。同时，有效地控制了"血腥钻石"流入市场。

④ 在世界范围内从事钻石推广，广泛宣传钻石知识，极大地促进了钻石市场的兴旺与繁荣。戴比尔斯每年都要投入巨资，在全球超过30个国家，使用21种语言进行钻石促销宣传。1993年以来，戴比尔斯在中国的广州、上海、北京和成都设立办事处，极大地推动了中国钻石市场的发展与繁荣。

⑤ 建立了一套完整的钻石原石分选、分级评估系统，使来自世界各地的钻石原石获得有效、快速和公平的分类。

⑥ 通过中央销售组织（CSO）协调统售钻石毛坯，使钻石市场的供求状况趋于平衡，

维持钻石市场的价格稳定，增强了消费者消费钻石的信心。

⑦ 钻石贸易公司（Diamond Trading Company，DTC）自2000年成立以来，积极协助珠宝首饰企业，开展钻石促销活动，激发消费者对钻石的购买欲望，极大地调动了中间商采购和销售钻石的积极性。仅在中国市场的一系列促销活动，就有力地推动了中国钻石市场的繁荣。

⑧ 赞助世界上一些著名的学术科研机构，从事钻石鉴定研究，维护天然钻石市场的稳定发展。

戴比尔斯联合矿业集团公司的主要下属机构有5个。

1. 戴比尔斯联合矿业有限公司

该公司成立于1888年，总部位于南非的金伯利。其核心业务和优势在于，钻石的勘探和开采。它拥有世界上最大规模的钻石矿山，并通过投资控股形式，在世界各地开采钻石，生产的宝石级钻石占全球的一半。目前，戴比尔斯集团拥有由2000多位地质学家组成的钻石资源勘探队伍，他们在五大洲开展钻石资源勘探及相关的研究工作。

2. 戴比尔斯百年公司

该公司成立于1990年，总部位于瑞士。主要从事南非以外的钻石资源勘探和开采，公司在全球11个国家投资进行钻石资源的勘探工作，其中包括俄罗斯和中国。

3. 中央销售组织（CSO）

戴比尔斯中央销售组织（CSO）成立于1934年，总部位于英国伦敦。其成立的目的是建立一个长久而可靠的制度去平衡供求，维持整个钻石市场的稳定和繁荣。该组织控制着约占世界钻石产量70%的几个主要钻石生产国（或钻石矿山）的全部钻石毛坯。其余的30%则由世界上各个钻石销售中心的钻石商人所控制。中央销售组织有足够强大的财力，将这些金刚石收购起来，待需求上升时再有秩序地投入市场，以保持价格平稳。

4. 戴比尔斯工业钻石部

该部门的任务是负责研究工业级钻石，在工业、科学领域的应用及人造钻石的生产。

5. 戴比尔斯推广部

戴比尔斯一直致力于钻石推广活动，为钻石建立美好形象，以增加全球范围内消费者对钻石的认识及对钻饰的购买欲望，从而刺激钻石需求。在主要钻石市场开展钻石的广告、推广，增加业者对钻石的信心。培训零售商更多地了解钻饰及指导钻石销售技巧，讲授钻石知识，提供店铺装饰和促销宣传品，展示和介绍各种钻石饰品，以保持和提高钻饰的销售量。推广部通过它下属的"钻石推广中心"和"钻石咨询中心"，在世界29个国家，用21种语言，做广告宣传和促销活动，每年耗资1.8亿美元左右。

20世纪30年代，戴比尔斯开始进行钻石广告宣传。1947年，诞生了"钻石恒久远，一颗永留传"的经典广告语，其含义是"爱的永恒和承诺"，并一直流传至今。实际上，这一概念的强化，使越来越多的青年男女，在结婚时选择钻戒作为爱情永恒的象征。

二、钻石原石分类

在钻石原石销售以前，需要对钻坯进行详细的商业分类。从矿山得到的成包钻石，通常是所有种类钻石的混合样，也可能是世界各地不同钻石矿山出产的混合样。其形状、质量和大小变化很大，有最高质量的钻石，也有劣质的钻石。因此，在钻石原石销售前，必须将原矿分为工业用金刚石和钻石原石。

对钻石原石分类的依据是其质量或价值，是由钻石原石的形状、净度、色级和重量决定的。钻石原石依重量分为四个组。①超大钻、大钻：重量达到或超过10.8ct的为超大钻；重量达到或超过2ct的钻石称为大钻。②中钻：重量为0.75～2ct。③小钻：0.125～0.74ct。④混合小钻：其大小范围从每克拉8粒到大约每克拉40粒。

钻石原石的形状非常重要，原石的形状与切磨后的成品钻石关系密切。在切磨过程中，完好的八面体形钻石可以锯成两段，比一颗不规则的钻石利用率要高得多。钻石原石的形状分类，见表9-1。

表9-1　钻石原石的形状分类表

钻石原石形状分类	大钻石的基本形状	完好的八面体或菱形十二面体
		规则到较规则形状
		不规则形状
		三角薄片钻石
		扁平状晶体
		立方体
	小钻石的基本形状	可锯形：加工前需锯开
		可制形：从原石直接抛磨
		薄片状
		立方体
		扁平状
	混合小钻石的基本形状	可锯形
		可制形

钻石原石的净度分类，是检查钻石中的瑕疵或杂质数量、大小，及在钻石中所处的位置。钻石边缘的一个黑点，可能在切磨时除去。但若黑点在钻石中心或一条裂隙穿过钻石，则质量大大降低。这是一项极为细致的工作，需要较高的技巧。钻石分级师不仅能看到钻石原石内部的瑕疵情况，而且，还要具有能想像出切磨后钻石成品的能力。

由于钻石珍贵稀有、价值高昂，因此，钻石毛坯的分类、评级显得尤为重要。尽管钻石有标准的结晶形态，但天然钻石产出的钻石毛坯有各种形状、颜色、大小及重量，而且不同国家、不同矿山，即使同一矿山的不同地方，出产的钻石特征也会有所变化。同时，市场上钻石需求的变化，也会影响钻石毛坯的价值走向。因此，对不同国家和地区所开采的钻石毛坯，需要进行客观、公正的钻石毛坯分类、评估。目前，DTC在伦敦、博茨瓦纳和纳米比亚的钻石评估专家，综合考虑钻石原石的形状、颜色、净度和大小，对钻石毛坯进行详细的分类，将钻石毛坯分为16000种级别。

三、钻石销售

钻石原石市场是受戴比尔斯控制的。DTC主要负责钻石毛坯的分类、评估和销售。20世纪的绝大部分时间里，由于戴比尔斯的不懈努力，钻石销售基本保持单一的渠道方式。但是，自1996年以来，尽管戴比尔斯仍然掌握着主要的钻石原石市场，但其垄断地位已经受到了一定的挑战。目前，钻石主要通过两种形式进行销售和流通，除DTC的统一销售模式外，另外一部分不受DTC控制的钻石毛坯，主要通过设立在安特卫普的开放市场进行销售。钻石的销售渠道示意图，如图9-1所示。

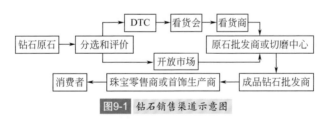

图9-1 钻石销售渠道示意图

钻石毛坯通过交易进入市场后，将很快进入切磨环节和成品流通环节，这一阶段的钻石主要集中在世界著名的切磨和贸易中心。

在商品经济发达的今天，没有哪种商品比钻石更具有垄断性特点。目前，戴比尔斯的钻石贸易公司（DTC），向全球供应，占钻石价值60%以上的钻石毛坯。据有关资料报道，2011年，DTC钻石毛坯销售额为58.8亿美元。

DTC采用指定全球范围"特约看货商"的方法，这些客户都是全球最有名的钻石加工商和钻石毛坯经销商，拥有悠久的钻石从业历史和良好的信誉。2014年，DTC在全球范围的看货商（Sight Holder）不足100家（而2007年为93家）。他们绝大多数来自世界四大钻石切磨中心：美国的纽约、比利时的安特卫普、以色列的特拉维夫和印度的孟买，其中包括来自中国香港的周大福、周生生和永恒钻石。DTC每6个星期举办为期一周的看货会，称为看货周（Sight Week），这些看货商大约每6个星期，前往伦敦或南非的约翰内斯堡购买钻石毛坯，这些钻石毛坯大部分会按照看货商预先的申请配备，组成一个看货箱（Sight Box）。随着DTC在博茨瓦纳和纳米比亚的正式运营，看货会的运作方式可能会出现一些新的变化，但长期以来形成的操作方式，却一直比较固定。看货商可以检查货箱内货品的组成情况、核算成本、市场销售策略等，但看货商无权挑选货品，也无权对所提供货品的价格提出折扣要求。对于某些特殊的钻石（Specials），例如重量大于10.8ct的钻石原石，通常采用议价的方式进行销售。

DTC编印的"钻石毛坯价目"手册，对钻石出产国、钻石矿山、DTC看货商，具有一定的价格引导作用，基本上成为全球钻石加工商和钻石毛坯销售商，采购毛坯钻石的重要价格参考。

钻石"4C"标准的推广和国际化的营销模式，使得世界上任何一个普通消费者，拥有自己心仪的钻石成为可能。人们不仅可借助钻石来表达感情，也可把钻石用于投资收藏。钻石贸易是全球化的贸易，钻石市场也是国际性的市场，并且钻石产品往往与世界金融关系密切，这是钻石与其他宝石完全不同的地方。

四、戴比尔斯的新型市场策略

20世纪末，戴比尔斯的市场垄断地位不断受到挑战，俄罗斯、加拿大、澳大利亚等国开采的钻石，陆续进入钻石市场。国际上，一些具有规模的钻石开采商，掌握了自己的钻石矿产资源，使戴比尔斯的优势地位已不如从前，1998年其市场份额降至60%。为了适应新的市场变化和需求，也为了巩固公司在国际钻石业中的地位，进入新世纪以来，戴比尔斯进行了重新定位。2000年，戴比尔斯宣称不再致力于控制钻石原石的供应，而是将主要精力置于全球钻石市场需求的培育方面，从原先只关心看货商的经营能力是否雄厚，转变为注重看货商的市场推广能力。戴比尔斯由原来通过控制钻石的供应量来操纵市场，转变为通过强有力的宣传手段，来保持消费者的需求量，向看货商以及更下游的批发商和零售商，提供更多的附加值，将下游企业吸收在戴比尔斯周围与其共同进退，提升其对整个行业的影响力。

DTC的任务是将钻石销售给优质的客户，它不再控制钻石的价格，其利益维护目标，已经由全球钻石业，转变为本公司和公司固定客户。近年来，DTC全力策划并推出了"最佳供应商"策略和"最佳执业"守则。"最佳供应商"策略的目的是，与DTC客户建立更紧密的伙伴合作关系，鼓励客户开展全新的市场营销计划，进一步扩大消费者的需求。

强化钻石推广、协助客户优化钻石分销渠道、提供稳定钻石供应，以满足各类型钻石商需求等内容，是戴比尔斯进行市场化角色转变的具体措施，期望由钻石业界的"监护人"角色转变为首选的钻石毛坯供应商。"最佳执业"守则被称为"鼓励同业遵守的最高专业及道德标准"，是一项旨在展示和巩固戴比尔斯的良好国际形象、维护钻石业的整体利益和强化消费者钻石消费信心的措施。目前，DTC以同意遵守该守则，作为获得其供货商的基本条件，同时也鼓励主要钻石切磨中心的业内贸易机构执行这套守则。"最佳执业"守则的一项最重要的原则是，防止"来自冲突地区的钻石（血腥钻石）"合法进入钻石业界，进行买卖交易。此外，"最佳执业"守则鼓励执业者关心员工健康安全和身心发展，倡导创造良好的工作环境，以及一切经营活动应符合国际对环境保护的标准。

第二节 钻石切磨中心和贸易中心

钻石切磨是一项历史悠久的传统工艺。目前，美国的纽约、比利时的安特卫普、以色列的特拉维夫和印度的孟买，是世界上公认的四大钻石切磨中心。同时，也是世界上最负盛名的钻石贸易中心。

比利时的安特卫普，是世界上最大的钻石切磨中心和贸易中心，以切工好而著名。目前，聚集了大约有50多位DTC看货商、300多家钻石加工企业和8000多名技术精湛的技师，钻石年贸易额高达200亿美元以上。世界上超过50%的钻石毛坯在这里销售，具有"世界钻石之都"的美誉。

以色列的特拉维夫，在钻石加工和贸易方面的地位仅次于比利时的安特卫普。主要加工异形钻石，近几年的贸易额高达50多亿美元。以色列政府给予钻石加工业外汇兑换津贴、银行低息贷款和优惠的税收政策等国家扶持。此外，特拉维夫还具有完善的市场条件、高效的行业管理机构和先进的切磨技术，这些都极大地促进了以色列钻石加工业的发展。

美国纽约的曼哈顿47号是世界著名的钻石街，众多的珠宝商聚集在这里，进行钻石加工和贸易活动。由于纽约的劳动力成本高昂，所以这里主要加工大型、超大型和高品质的钻石，其中以2ct以上的钻石为主。

印度具有劳动力成本低的优势，20世纪70年代后，孟买逐渐发展成为重要的钻石集散地和切磨中心，主要加工重量较小和品质较低的钻石。因此，所谓"印度工"的切工质量，相对较差。

近年来，泰国、俄罗斯和中国的钻石加工业也迅猛发展。此外，作为重要的钻石贸易和零售市场，中国及香港地区、日本和新加坡，也越来越引起世界瞩目。

钻石商进行原石和成品钻石交易，主要集中于钻石交易所。目前，世界上的钻石交易所共有20多家，分布在伦敦、安特卫普、纽约、特拉维夫、孟买、新加坡和曼谷等地。2000年，在上海成立了中国第一家钻石交易所。世界钻石交易所联盟（WFDB）是包括20多家钻石交易所的国际性组织，其宗旨是增进各交易所成员之间的相互了解，形成统一的钻石贸易规则和保护所有交易所成员的会员公司的利益。钻石交易所的成员公司，必须具备较雄厚的实力和良好的信誉，任何交易所的会员违反了任一交易所的规则，将会被公布除名，并不得进入联盟所属的任一交易所。

第三节　成品钻石价格体系

一、成品钻石价格体系

钻石之所以具有一个稳定、全球化的价格体系，根本上在于钻石有一套科学的、严格的和国际公认的质量评价标准，即钻石的"4C"分级系统。成品钻石包含有钻石品质和工艺质量两个方面的价值，因此，克拉重量、颜色、净度级别和切工质量，是决定钻石价格的基础条件。此外，钻石价格还受到加工成本和市场供求关系的影响。

在科学技术高度发达的今天，虽然钻石加工设备有了相当的改进，但钻石的切磨、加工，仍然是一项以手工操作为主的工艺，需要娴熟的技术、丰富的经验及全神贯注的投入，才能实现对钻石的完美切割。因此，克拉数越大、质量级别越高、结构越复杂的钻石，切割的成本越高、风险也越大。总之，最终成品钻石的大小、质量和价格，与切割中心的劳动力成本有着密切的关系。例如，纽约的劳动力成本远远高于其他切割中心，而泰国、印度的劳动力成本则较低。即便同一颗钻石毛坯，若切工质量要求不同，则加工成本也不相同。此外，钻石的琢型设计，可能影响到成品钻石的出成率和净度级别，所以也是影响钻石价格的一个重要因素。

从商品的角度来说，钻石不是生活必需品，钻石市场需求情况会随政治形势、经济形势、地方货币汇率等而发生变化。如20世纪50年代，西方经济蓬勃发展、就业率提高、居民收入增加，则钻石市场需求旺盛。1996年下半年后，以泰国、印度尼西亚、马来西亚等国家为首的东南亚国家发生了金融危机，导致所有波及国家的经济增长下滑，钻石市场呈现负增长。与此同时，中国经济开始快速增长，戴比尔斯公司抓住时机进军中国大陆，在人口众多的中国大陆，钻石的消费市场潜力是巨大的。2008年，美国和欧洲爆发了金融危机，欧美钻石市场需求大幅下滑，但中国没有受其影响，经济继续增长，钻石市场得到了快速的发展。

为了保证钻石市场的长期稳定与发展，适当调控钻石毛坯供应，有利于保证钻石市场的供求平衡，从而达到稳定钻石价格的目的。

为了避免钻石投机商介入钻石贸易，全球钻石交易机构均对此有严格的防范措施。因为任何投机活动仅对少数人有利，而使大多数人遭受损失，并导致某些品种钻石价格的短期暴涨，带来钻石价格的波动，这是整个钻石行业所不愿意看到的，也是消费者所不愿意发生的。

在这样的背景下，产生了成品钻石价格报价体系，即Rapaport集团公司的报价体系。总部位于纽约的Rapaport公司，目前，在美国的拉斯维加斯、比利时的安特卫普、意大利的维琴察、以色列的特拉维夫、阿联酋的迪拜、印度的孟买、中国香港等地设有办事处。Rapaport的钻石报价，分圆型钻石和花式切工钻石，圆钻型钻石价格每周报一次，花式切工钻石的价格每月更新一次，目前，只涉及梨型钻石、橄榄型钻石和公主方型钻石。价格报告以出版印刷的形式和电子表格的形式提供。

二、Rapaport钻石报价表

Rapaport钻石报价表（Rapaport Diamond Report），是根据过去一个月内，世界各主要钻石贸易中心的卖家出价，而作的统计价格表。随着多年来的不断完善，如今该报价表已成为很多钻石批发商、首饰制造商和钻石零售商确定钻石价格的参考。

报价表以百美元作为价格单位。报价表上的价格一般高于批发价，低于零售价，可作为交易双方洽谈的基础。最终成交价与交易量的大小、市场类型、地理位置、品质级别、市场需求、付款方式与期限等因素有关。需要特别指出的是，Rapaport钻石报价表，是以正确的比例切工、整体切工良好的钻石进行报价的。

下面以2014年5月2日发布的Rapaport圆型钻石报价表为例（表9-2），作一简要说明，报价表中的价格单位为百美元。

首先，报价体系是按照钻石的重量，把钻石分成18个组别，分别是：0.01 ～ 0.03ct、0.04 ～ 0.07ct、0.08 ～ 0.14ct、0.15 ～ 0.17ct、0.18 ～ 0.22ct、0.23 ～ 0.29ct、0.30 ～ 0.39ct、0.40 ～ 0.49ct、0.50 ～ 0.69ct、0.70 ～ 0.89ct、0.90 ～ 0.99ct、1.00 ～ 1.49ct、1.50 ～ 1.99ct、2.00 ～ 2.99ct、3.00 ～ 3.99ct、4.00 ～ 4.99ct、5.00 ～ 5.99ct、10.00 ～ 10.99ct。一般来说，超过6ct的成品钻石，通常采用议价的方式确定其价格。

其次，以颜色为纵坐标，以净度为横坐标，每个颜色、净度级别的钻石，对应有相应的价格，单位为：百美元/克拉。表中的价格是大多数钻石批发商愿意买入的价格，是买家讨价还价的初始价格，但也并非真实的交易价。实际交易中，在这个价格的基础上有一定的折扣，交易的时间、购买的数量、不同类型的"客户"、不同的市场、市场的需求等都是影响折扣的因素。需求量大的品种，批发商给的折扣小；需求小的品种，批发商可能会给出较大的折扣。

表9-2 2014年5月2日的拉帕波特圆钻型钻石报价表　　　单位：百美元

Diamond Report：（0.01 ～ 0.03ct）05/02/14　Rounds

	IF-VVS	VS	SI$_1$	SI$_2$	SI$_3$	I$_1$	I$_2$	I$_3$
D-F	12.5	10.0	7.3	6.0	5.0	4.6	4.0	3.3
G-H	10.0	8.5	6.5	5.5	4.6	4.3	3.8	3.0
I-J	7.5	6.8	5.8	5.0	4.4	4.2	3.5	2.7
K-L	4.0	4.2	3.9	3.5	3.1	2.6	2.2	1.6
M-N	3.6	3.0	2.4	2.1	1.8	1.5	1.3	1.0

Diamond Report：（0.04 ～ 0.07ct）05/02/14　Rounds

	IF-VVS	VS	SI$_1$	SI$_2$	SI$_3$	I$_1$	I$_2$	I$_3$
D-F	11.5	9.0	7.2	5.9	5.0	4.5	3.9	3.2
G-H	9.0	8.0	6.4	5.4	4.4	4.2	3.7	3.0
I-J	7.5	6.8	5.8	5.0	4.3	4.0	3.4	2.8
K-L	5.1	4.5	4.1	3.5	3.2	2.7	2.3	1.8
M-N	3.8	3.2	2.6	2.3	2.0	1.7	1.4	1.1

Diamond Report：（0.08 ～ 0.14ct）05/02/14　Rounds

	IF-VVS	VS	SI$_1$	SI$_2$	SI$_3$	I$_1$	I$_2$	I$_3$
D-F	12.0	10.0	7.8	6.5	5.8	5.1	4.4	3.8
G-H	10.0	8.8	7.0	6.0	5.6	4.6	4.0	3.6
I-J	8.5	7.5	6.4	5.5	5.0	4.5	3.9	3.3
K-L	6.7	6.0	5.2	4.4	3.8	3.3	2.8	2.3
M-N	4.5	4.0	3.5	3.1	2.8	2.3	1.8	1.4

Diamond Report：（0.15 ～ 0.17ct）05/02/14　Rounds

	IF-VVS	VS	SI$_1$	SI$_2$	SI$_3$	I$_1$	I$_2$	I$_3$
D-F	13.5	12.2	8.7	7.5	6.7	5.5	4.6	3.9
G-H	12.0	10.2	8.0	6.7	5.8	4.9	4.1	3.6
I-J	10.0	8.8	7.0	6.1	5.2	4.5	4.0	3.3
K-L	7.5	7.0	5.4	4.9	4.0	3.5	2.9	2.4
M-N	5.5	4.6	3.9	3.4	3.1	2.4	1.9	1.7

Diamond Report：（0.18 ～ 0.22ct）05/02/14　Rounds

	IF-VVS	VS	SI$_1$	SI$_2$	SI$_3$	I$_1$	I$_2$	I$_3$
D-F	15.0	13.0	9.3	8.3	7.3	6.0	5.0	4.2
G-H	13.5	11.5	8.9	7.5	6.6	5.5	4.7	3.8
I-J	11.0	9.9	7.7	6.6	5.6	4.9	4.2	3.6
K-L	9.0	7.7	6.4	5.4	4.6	4.1	3.2	2.6
M-N	7.5	6.6	5.4	4.3	3.8	2.9	2.2	1.8

续表

Diamond Report：（0.23～0.29ct）05/02/14 Rounds

	IF-VVS	VS	SI$_1$	SI$_2$	SI$_3$	I$_1$	I$_2$	I$_3$
D-F	19.0	17.0	12.3	10.4	9.0	7.5	6.0	4.8
G-H	17.0	14.5	10.5	9.6	8.4	7.0	5.3	4.4
I-J	14.0	11.8	9.0	7.8	7.0	5.8	4.6	4.0
K-L	11.8	10.0	7.6	6.8	6.2	4.8	3.8	3.0
M-N	9.5	8.1	6.5	5.8	5.0	3.6	2.9	2.2

Diamond Report：（0.30～0.39ct）05/02/14 Rounds

	IF	VVS$_1$	VVS$_2$	VS$_1$	VS$_2$	SI$_1$	SI$_2$	SI$_3$	I$_1$	I$_2$	I$_3$
D	43	35	32	30	29	26	25	20	16	11	7
E	35	31	29	28	27	25	24	19	15	10	6
F	31	29	27	26	25	24	23	18	14	9	6
G	29	28	26	25	24	23	22	17	13	8	5
H	27	26	25	24	23	22	21	16	12	8	5
I	25	24	24	23	22	21	20	15	11	7	5
J	23	22	22	21	20	19	18	13	10	7	4
K	19	18	18	17	16	15	14	10	8	6	4
L	17	16	15	14	13	12	10	9	6	5	3
M	15	14	14	13	12	11	9	8	5	4	3

Diamond Report：（0.40～0.49ct）05/02/14 Rounds

	IF	VVS$_1$	VVS$_2$	VS$_1$	VS$_2$	SI$_1$	SI$_2$	SI$_3$	I$_1$	I$_2$	I$_3$
D	49	43	38	36	34	31	28	23	18	12	8
E	43	38	35	34	32	29	27	22	17	11	7
F	38	35	33	32	30	27	25	21	16	11	7
G	35	33	32	31	29	26	24	20	15	10	6
H	32	31	30	29	27	25	23	19	14	9	6
I	28	27	26	25	24	23	22	18	13	8	6
J	26	25	24	23	22	21	20	15	12	8	5
K	22	21	20	19	18	17	16	12	10	7	5
L	20	19	18	17	16	15	14	10	8	6	4
M	18	17	17	16	15	14	12	9	7	5	4

Diamond Report：（0.50～0.69ct）05/02/14 Rounds

	IF	VVS$_1$	VVS$_2$	VS$_1$	VS$_2$	SI$_1$	SI$_2$	SI$_3$	I$_1$	I$_2$	I$_3$
D	87	68	59	52	49	40	34	27	22	16	11
E	67	58	53	49	45	38	32	26	21	15	10
F	57	53	50	47	43	35	30	24	20	14	10
G	54	48	45	42	40	33	28	22	19	13	9
H	48	43	40	39	37	31	27	21	18	12	8
I	41	38	35	34	32	28	25	20	16	11	8
J	33	31	29	28	26	25	24	19	15	11	7

续表

Diamond Report：（0.50～0.69ct）05/02/14　Rounds										
	IF	VVS$_1$	VVS$_2$	VS$_1$	VS$_2$	SI$_1$	SI$_2$	SI$_3$	I$_1$	I$_2$	I$_3$
K	28	26	24	23	22	21	20	16	13	10	7
L	24	23	22	21	20	19	17	13	11	9	6
M	22	20	19	18	17	16	15	11	9	7	5

Diamond Report：（0.70～0.89ct）05/02/14　Rounds										
	IF	VVS$_1$	VVS$_2$	VS$_1$	VS$_2$	SI$_1$	SI$_2$	SI$_3$	I$_1$	I$_2$	I$_3$
D	103	84	72	65	61	53	45	37	30	20	13
E	82	73	67	61	57	50	43	35	29	19	12
F	72	67	60	57	53	48	41	33	28	18	12
G	66	62	56	52	48	44	38	31	26	17	11
H	61	57	51	47	44	41	35	29	24	16	10
I	50	47	44	42	39	36	30	27	22	15	10
J	39	37	34	32	31	29	27	24	20	14	9
K	33	31	28	26	25	24	22	20	17	13	8
L	28	26	25	24	23	22	20	17	15	11	7
M	26	24	23	22	21	19	18	15	12	9	6

Diamond Report：（0.90～0.99ct）05/02/14　Rounds										
	IF	VVS$_1$	VVS$_2$	VS$_1$	VS$_2$	SI$_1$	SI$_2$	SI$_3$	I$_1$	I$_2$	I$_3$
D	152	118	103	88	77	70	62	48	38	22	15
E	118	103	94	79	73	65	59	45	37	21	14
F	103	94	84	74	69	63	55	43	36	20	14
G	93	84	74	69	64	59	52	41	34	19	13
H	85	74	69	63	60	55	49	38	32	18	13
I	70	62	59	55	52	50	44	34	30	17	12
J	54	51	49	47	46	44	39	31	26	16	11
K	44	42	40	38	37	35	32	26	23	15	10
L	39	37	35	34	32	30	27	23	20	14	9
M	36	34	32	30	29	27	24	21	17	12	8

Diamond Report：（1.00～1.49ct）05/02/14　Rounds										
	IF	VVS$_1$	VVS$_2$	VS$_1$	VS$_2$	SI$_1$	SI$_2$	SI$_3$	I$_1$	I$_2$	I$_3$
D	275	195	170	133	116	88	75	60	47	27	17
E	190	165	133	115	102	85	71	58	45	26	16
F	160	133	116	107	92	82	69	56	44	25	15
G	130	116	106	91	85	78	66	54	43	24	14
H	106	98	89	81	77	71	63	51	41	23	14
I	88	83	76	72	69	66	59	47	37	22	13
J	75	70	67	64	60	57	54	42	32	20	13
K	63	60	57	55	53	50	46	37	30	18	12
L	54	52	50	48	46	44	40	34	28	17	11
M	47	43	40	38	36	34	31	27	25	16	11

Diamond Report：（1.50～1.99ct）05/02/14　Rounds

	IF	VVS$_1$	VVS$_2$	VS$_1$	VS$_2$	SI$_1$	SI$_2$	SI$_3$	I$_1$	I$_2$	I$_3$
D	336	243	211	177	155	115	93	72	54	31	18
E	238	206	177	160	142	112	90	70	51	30	17
F	206	177	153	140	127	107	86	67	50	29	16
G	166	150	135	120	115	101	81	65	49	28	16
H	134	125	113	105	100	92	76	61	47	27	16
I	107	102	96	89	85	80	69	56	43	25	15
J	93	86	82	77	72	67	61	49	38	23	15
K	74	70	67	65	62	57	52	43	35	20	14
L	62	60	58	56	54	50	45	38	32	19	13
M	52	49	46	44	42	41	39	33	28	18	13

Diamond Report：（2.00～2.99ct）05/02/14　Rounds

	IF	VVS$_1$	VVS$_2$	VS$_1$	VS$_2$	SI$_1$	SI$_2$	SI$_3$	I$_1$	I$_2$	I$_3$
D	509	380	340	290	213	160	125	84	65	34	19
E	370	325	285	250	193	155	120	81	63	33	18
F	325	280	250	215	180	145	115	78	61	32	17
G	262	222	200	175	157	135	110	73	59	31	16
H	192	185	175	155	132	120	105	68	56	30	16
I	146	142	134	124	113	105	95	62	52	28	16
J	116	110	106	100	93	90	80	57	48	25	16
K	102	97	93	88	83	80	70	53	43	24	15
L	86	82	78	75	72	65	60	47	38	23	14
M	73	70	68	65	60	55	50	40	31	22	14

Diamond Report：（3.00～3.99ct）05/02/14　Rounds

	IF	VVS$_1$	VVS$_2$	VS$_1$	VS$_2$	SI$_1$	SI$_2$	SI$_3$	I$_1$	I$_2$	I$_3$
D	1025	670	580	469	364	235	165	97	78	40	21
E	666	582	490	410	334	215	160	92	73	38	20
F	579	490	412	343	304	195	155	87	68	36	19
G	445	389	340	300	250	180	140	82	66	35	18
H	327	305	276	250	205	155	130	78	64	34	18
I	242	228	217	200	170	135	115	73	60	32	17
J	186	178	176	165	140	120	105	66	54	29	17
K	159	148	144	135	120	105	90	60	48	27	16
L	115	113	111	106	95	80	70	52	42	26	16
M	100	97	94	90	80	70	59	47	34	25	16

续表

<table>
<tr><td colspan="12" align="center">Diamond Report：（4.00～4.99ct）05/02/14　Rounds</td></tr>
<tr><th></th><th>IF</th><th>VVS$_1$</th><th>VVS$_2$</th><th>VS$_1$</th><th>VS$_2$</th><th>SI$_1$</th><th>SI$_2$</th><th>SI$_3$</th><th>I$_1$</th><th>I$_2$</th><th>I$_3$</th></tr>
<tr><td>D</td><td>1120</td><td>760</td><td>690</td><td>565</td><td>440</td><td>280</td><td>195</td><td>105</td><td>86</td><td>45</td><td>23</td></tr>
<tr><td>E</td><td>760</td><td>690</td><td>600</td><td>505</td><td>420</td><td>270</td><td>190</td><td>100</td><td>81</td><td>43</td><td>22</td></tr>
<tr><td>F</td><td>690</td><td>595</td><td>530</td><td>460</td><td>380</td><td>250</td><td>185</td><td>95</td><td>77</td><td>41</td><td>21</td></tr>
<tr><td>G</td><td>520</td><td>465</td><td>425</td><td>400</td><td>325</td><td>220</td><td>170</td><td>90</td><td>72</td><td>39</td><td>20</td></tr>
<tr><td>H</td><td>390</td><td>370</td><td>335</td><td>315</td><td>270</td><td>195</td><td>160</td><td>85</td><td>66</td><td>37</td><td>20</td></tr>
<tr><td>I</td><td>285</td><td>270</td><td>250</td><td>235</td><td>205</td><td>165</td><td>140</td><td>80</td><td>62</td><td>35</td><td>19</td></tr>
<tr><td>J</td><td>230</td><td>220</td><td>205</td><td>190</td><td>170</td><td>145</td><td>125</td><td>70</td><td>56</td><td>33</td><td>18</td></tr>
<tr><td>K</td><td>190</td><td>180</td><td>170</td><td>160</td><td>145</td><td>120</td><td>104</td><td>65</td><td>51</td><td>31</td><td>17</td></tr>
<tr><td>L</td><td>140</td><td>130</td><td>122</td><td>117</td><td>105</td><td>89</td><td>78</td><td>59</td><td>45</td><td>29</td><td>16</td></tr>
<tr><td>M</td><td>120</td><td>110</td><td>105</td><td>100</td><td>90</td><td>78</td><td>67</td><td>54</td><td>37</td><td>27</td><td>16</td></tr>
</table>

<table>
<tr><td colspan="12" align="center">Diamond Report：（5.00～5.99ct）05/02/14　Rounds</td></tr>
<tr><th></th><th>IF</th><th>VVS$_1$</th><th>VVS$_2$</th><th>VS$_1$</th><th>VS$_2$</th><th>SI$_1$</th><th>SI$_2$</th><th>SI$_3$</th><th>I$_1$</th><th>I$_2$</th><th>I$_3$</th></tr>
<tr><td>D</td><td>1520</td><td>1043</td><td>915</td><td>795</td><td>610</td><td>375</td><td>247</td><td>115</td><td>92</td><td>48</td><td>25</td></tr>
<tr><td>E</td><td>1043</td><td>915</td><td>819</td><td>725</td><td>560</td><td>345</td><td>240</td><td>110</td><td>87</td><td>46</td><td>24</td></tr>
<tr><td>F</td><td>895</td><td>819</td><td>730</td><td>650</td><td>485</td><td>320</td><td>229</td><td>105</td><td>82</td><td>44</td><td>23</td></tr>
<tr><td>G</td><td>670</td><td>615</td><td>550</td><td>500</td><td>425</td><td>280</td><td>220</td><td>100</td><td>78</td><td>42</td><td>22</td></tr>
<tr><td>H</td><td>525</td><td>477</td><td>438</td><td>395</td><td>335</td><td>245</td><td>194</td><td>90</td><td>73</td><td>40</td><td>21</td></tr>
<tr><td>I</td><td>390</td><td>360</td><td>345</td><td>310</td><td>280</td><td>215</td><td>169</td><td>85</td><td>68</td><td>38</td><td>20</td></tr>
<tr><td>J</td><td>293</td><td>274</td><td>258</td><td>245</td><td>235</td><td>185</td><td>149</td><td>75</td><td>63</td><td>36</td><td>19</td></tr>
<tr><td>K</td><td>230</td><td>215</td><td>200</td><td>185</td><td>175</td><td>149</td><td>121</td><td>70</td><td>58</td><td>33</td><td>18</td></tr>
<tr><td>L</td><td>166</td><td>156</td><td>146</td><td>138</td><td>130</td><td>113</td><td>87</td><td>65</td><td>48</td><td>31</td><td>17</td></tr>
<tr><td>M</td><td>138</td><td>133</td><td>128</td><td>123</td><td>115</td><td>102</td><td>76</td><td>60</td><td>40</td><td>29</td><td>17</td></tr>
</table>

<table>
<tr><td colspan="12" align="center">Diamond Report：（10.00～10.99ct）05/02/14　Rounds</td></tr>
<tr><th></th><th>IF</th><th>VVS$_1$</th><th>VVS$_2$</th><th>VS$_1$</th><th>VS$_2$</th><th>SI$_1$</th><th>SI$_2$</th><th>SI$_3$</th><th>I$_1$</th><th>I$_2$</th><th>I$_3$</th></tr>
<tr><td>D</td><td>2450</td><td>1560</td><td>1380</td><td>1200</td><td>931</td><td>590</td><td>380</td><td>175</td><td>107</td><td>59</td><td>29</td></tr>
<tr><td>E</td><td>1560</td><td>1380</td><td>1235</td><td>1075</td><td>849</td><td>545</td><td>370</td><td>165</td><td>102</td><td>57</td><td>27</td></tr>
<tr><td>F</td><td>1330</td><td>1220</td><td>1090</td><td>950</td><td>742</td><td>510</td><td>360</td><td>160</td><td>97</td><td>55</td><td>26</td></tr>
<tr><td>G</td><td>1055</td><td>975</td><td>875</td><td>790</td><td>650</td><td>460</td><td>345</td><td>155</td><td>92</td><td>52</td><td>25</td></tr>
<tr><td>H</td><td>850</td><td>780</td><td>705</td><td>630</td><td>529</td><td>385</td><td>310</td><td>136</td><td>87</td><td>51</td><td>24</td></tr>
<tr><td>I</td><td>615</td><td>585</td><td>545</td><td>485</td><td>427</td><td>330</td><td>265</td><td>121</td><td>83</td><td>48</td><td>23</td></tr>
<tr><td>J</td><td>460</td><td>440</td><td>420</td><td>400</td><td>359</td><td>280</td><td>230</td><td>112</td><td>80</td><td>46</td><td>22</td></tr>
<tr><td>K</td><td>340</td><td>325</td><td>315</td><td>300</td><td>267</td><td>223</td><td>185</td><td>102</td><td>75</td><td>43</td><td>21</td></tr>
<tr><td>L</td><td>250</td><td>240</td><td>230</td><td>215</td><td>194</td><td>170</td><td>125</td><td>90</td><td>65</td><td>40</td><td>20</td></tr>
<tr><td>M</td><td>215</td><td>205</td><td>195</td><td>185</td><td>170</td><td>140</td><td>115</td><td>80</td><td>55</td><td>36</td><td>19</td></tr>
</table>

从上表中可以看出，钻石的"4C"与价格存在着密切的关系。

1. 钻石的颜色与价格的关系

根据Rapaport钻石报价表，钻石的颜色与价格有着密切的关系，颜色等级越高，其报价越高，反之则降低。钻石的每个颜色等级的价格差，一般在10%～45%之间。高等级颜色钻石的差价，大于低等级颜色钻石的差价，它们之间的价格差距随净度等级降低而递减。1ct以上的钻石，比1ct以下的钻石差价高。

2. 钻石净度与价格的关系

根据Rapaport钻石报价表，一般情况下，钻石的净度等级越高，差价越大。但这个差价比例不是恒定不变的，与钻石的颜色密切相关，同时还会随着市场供求状况的不同而有所变化。

3. 钻石重量与价格的关系

钻石的重量与价格密切相关，并且受钻石市场供求情况的影响。戴比尔斯公司下属的DTC，通过保持钻石收购量及调剂供应量，维持整个钻石市场的供求关系，从而保证钻石市场的相对稳定，避免钻石价格出现大的波动。对于1～5ct钻石的重量与价格的关系，一般按每递增1ct重量，相应每克拉钻石单位价格增加5%～60%不等。依据钻石的颜色和净度的差异，不同重量的钻石差价不同。

4. 钻石切工与价格的关系

Rapaport钻石报价表，是以正确的比例切工、整体切工良好的钻石进行报价的。虽然表中没有直接显示切工对钻石价格的影响，但是钻石切工对价格的影响是客观存在的。切工的好坏直接影响到钻石的美丽程度，钻石的"出火"现象，主要依据于切工比例，好的切工，可以充分展示钻石的"火彩"。

第十章

钻石鉴定证书

钻石是自然界最珍贵的宝石，华美、独特而稀有，每一颗钻石都独一无二，钻石鉴定证书为消费者提供清晰而全面的信息，帮助了解钻石的各项特性。

第一节 钻石鉴定证书的内容

一、钻石鉴定证书的作用

钻石鉴定证书也称钻石分级证书。首先，确认钻石是天然钻石；第二，是对所评述钻石的品质的保证。在珠宝商贸中，作为批发商或零售商，要保证其所出售的钻石具有证书所评定的品质，钻石分级证书的这种作用在钻石零售中尤为重要。但是，钻石分级证书不对钻石的货币价值作评价。对于购买昂贵的钻石首饰，而对钻石知识了解不多的消费者，都希望能够得到书面保证，保证其所购之物确实是物有所值的钻石。钻石鉴定证书，通常都是由第三方持公正立场，社会信誉度高的专业珠宝鉴定机构或研究机构签发。目的是使证书能够充分发挥其特有的作用，促进钻石及其珠宝首饰的商贸活动，维护钻石市场的稳定和社会的公平正义，同时也维护签发机构的应有权益。

钻石鉴定证书，可以起到以下四个方面的作用。

（1）该证书所证明的宝石是天然钻石　不是合成的钻石、也没有经过人工处理（仅激光打孔处理除外，但须在证书中予以说明），也不是钻石仿制品。并且，即便证书中没有提到关于钻石鉴定的依据和结果，也意味着已经做了这项鉴定工作，并确认所描述和

评价的宝石是天然的钻石。鉴定机构或鉴定人必须对此负全部责任。

（2）对钻石品质进行描述与评价　相应的内容包括：钻石的重量、色级、净度和切工的描述与评价，是钻石鉴定证书的主要作用。

（3）确定钻石的身份　有关的内容包括：对所评价钻石（或首饰）的琢型（或款式）的描述、样品的精确重量和大小尺寸、净度特征素描图、证书编号、分级师签名等。

（4）防止证书被误用和泛用　避免承担超越证书范围的责任。通常用证书声明的形式加以强调。

二、钻石鉴定证书的具体内容和格式

钻石鉴定证书国内外有较为一致的内容和相似的格式，综合归纳和解释如下。

1. 证书名称

不同的出证机构，证书的名称稍有不同。如钻石鉴定证书、钻石分级证书、钻石等级证书、钻石分级报告、钻石鉴定分级证书等。不管使用什么名称，最重要的是使用了"钻石"一词。当使用"钻石"作为证书名称的组成部分时，就意味着该证书所证明的宝石是天然钻石。

2. 证书编号

编号是证书管理的一种方法，便于对证书的核对复查，验证证书的真伪。

3. 琢型的描述

证书中要用正确的术语，描述钻石的琢型。常见的钻石琢型有：圆钻式琢型、椭圆明亮式琢型、祖母绿琢型、梯形琢型、公主琢型等。

4. 钻石首饰款式的描述

如果是镶嵌钻石首饰，除了要描述钻石的琢型之外，还要描述钻石首饰的款式。首饰的款式种类繁多，一般按戒指、耳坠、项链、吊坠、胸花和手链分类后，再加上男式或女式予以描述。对钻石多于一粒的首饰，还要区分出主要钻石与陪衬钻石，即"主石"与"副石"。主石是证书描述和评价的主要对象。如果没有特别的要求，或者作为副石的钻石小于0.1ct，证书可以不对副石作评价。如果首饰上的副石不是钻石，则应在证书中注明副石的种类。所以，在证书上这一栏的内容，包括对首饰款式、主石和副石的描述。

5. 钻石的尺寸

要评价的钻石，必须测量出其大小尺寸。尺寸用mm为单位，要求准确到十分位，并估测到百分位。根据钻石不同的琢型，测量出有代表意义的尺寸。对圆钻琢型，要测量出腰棱直径和高度，由于钻石的腰棱圆度往往有误差，直径测量的位置不同，数值也会不同，故要记录下直径的最大值和最小值，并按"直径（最大值）×直径（最小值）×高度"的方式记录在证书上。对于花式琢型的钻石，则要测量出腰棱的长径、短径及高度，按"长径×短径×高"的顺序记录在证书上。

对钻石首饰，只测量主石的尺寸。如果主石不止一粒，则要依次一一测量和记录。

6. 钻石的克拉重量

在国际上和《钻石分级》国家标准（GB/T 16554—2010）中，均以"克拉（ct）"为钻石重量单位。对钻石克拉重量的商业惯例是保留两位小数，第三位小数实行逢九进一，即除了9以外，均不计价，如0.798ct，按0.79ct计，而0.799ct，则可按0.80ct计。在证书上，有时可用括号把第三位小数括起来。对已镶嵌的钻石，则要称取整件首饰的重量，以克为单位，称重则要精确到第四位小数，这一重量是包括了钻石、副石和金属托架的总重量。准确的称重，也是为钻石或钻石首饰提供身份特征。此外，还可根据钻石的尺寸，计算出钻石的估计重量。估计重量可以只精确到小数点后两位数。

7. 颜色等级

《钻石分级》国家标准（GB/T 16554—2010）中，使用字母或数字表示，如D（100）、E（99）、F（98）、G（97）、H（96）、I（95）、J（94）、K（93）、L（92）、M（91）、N（90）、＜N，描述钻石色级的十二个级别。对已镶嵌钻石，可记为"近似色级：H-I"等。

8. 净度等级

《钻石分级》国家标准（GB/T 16554—2010）中，分别用FL、IF、VVS_1、VVS_2、VS_1、VS_2、SI_1、SI_2、P_1、P_2、P_3等描述钻石净度的十一个级别。对已镶嵌钻石，可记为"近似净度：VVS_2-VS_1"等。

9. 切工的等级

钻石鉴定证书中切工等级评价的具体内容，会因使用的标准不同而有一定的差异。例如，GIA的钻石证书与HRD的证书就略有差异。根据国际上对切工评价最详尽的要求和《钻石分级》国家标准（GB/T 16554—2010）的要求，切工评价要包括：琢型比率的

描述与评价及修饰度评价两大部分。修饰度评价，又可细分为对称性评价和抛光性评价。

（1）琢型的比率　琢型比率是指琢型的各个组成部分的相对大小和（或）角度，包括有：台宽比、冠高比、腰棱厚度、亭深比、全深比、冠部角、亭部角和底小面大小。在钻石鉴定证书中，不同的百分比值要求的精确度不同，冠角和亭角角度值精确到0.2°，见表10-1。

表10-1　琢型的比率描述（据国标GB/T 16554—2010）

比率测量项目	台宽比	冠高比	腰厚比	亭深比	全深比	底尖比	星刻面长度比	下腰面长度比
保留至	1%	0.5%	0.5%	0.5%	0.1%	0.1%	5%	5%

只有使用最先进的全自动钻石切工测量仪测量，才能达到如此的精度。同时，还要描述腰棱的状态。常见的腰棱状态有3种：粗磨的腰棱，即未加抛光，呈磨砂状；刻面抛光的腰棱，腰棱被磨成一系列抛光的小刻面；抛光的腰棱，看上去呈透明的玻璃状的腰棱。此外，冠部角与冠高比，两者可只择其一；亭部角与亭深比，也同样只择其中之一作为证书中的项目。对已镶嵌的钻石，可以不填写这些栏目，或者部分填写，或者记为"大约××"。

（2）比率等级　比率等级是比率评价的核心内容，1颗钻石评价为何种比率级别，与所选用的标准有关。《钻石分级》国家标准（GB/T 16554—2010），把钻石的比率级别分为极好（EX）、很好（VG）、好（G）、一般（F）、差（P）五个级别。国际上，多采用四级制，分成优、良、中、差。评价是根据钻石的各项比率数值与最优比率数值的偏离程度来决定的，并且依其中偏离最大的一项比率参数来判定级别。

在证书中，要在"比率等级"这一栏目下，注明比率的等级，极好（EX）、很好（VG）、好（G）、一般（F）、差（P）；对已镶嵌的钻石，可以不加评价，或者记为"极好（EX）-很好（VG）"或者"好（G）-一般（F）"。如果分级师对比率等级很有把握，也可评定成"极好"或"好"等准确的级别。

（3）修饰度评价　在国际上，修饰度评价多分成对称性和抛光两项，分别进行评价，并且不对修饰度做总体的评价。但是，在《钻石分级》国家标准（GB/T 16554—2010）中，对称性和抛光分别评价，对修饰度做总体的评价。对称性级别和抛光级别，均分为极好（EX）、很好（VG）、好（G）、一般（F）、差（P）五个级别。并以对称性分级和抛光分级中，较低的级别为修饰度级别。

10. 荧光级别

钻石的荧光强度分成强、中、弱、无四个级别。在证书上先记录荧光强度级别，其后加注荧光的颜色。强的蓝色荧光可以增强钻石的亮白度，使钻石的色级提高一个级别。

11. 净度特征素描图

净度特征素描图也是钻石分级证书不可缺少的组成部分，起到对净度等级补充说明和确认钻石身份的作用。另外，也可使证书的内容更为丰富多彩。对钻石的净度特征，用国际上统一的符号，画在钻石琢型的冠部投影图和亭部投影图上。内部特征用红笔画，外部特征用绿笔画。虽然标记的符号不必和净度特征的实际大小一样，但比例必须适当，位置也要准确。已镶嵌的钻石，可以不做此项检测。

12. 备注

备注用来记录不能在上述的栏目中评价或描述的特征。例如，经激光打孔处理的钻石，因云雾而降低了净度等级的钻石等，可在备注中说明。所以，尽管备注没有规定必须填写的内容，但也是证书不可缺少的组成部分。

13. 等级坐标

在证书中还可以含有等级坐标，如色级坐标、净度等级坐标、切工等级坐标等。这些内容都在证书中，已经有了专门的项目加以说明。所以，等级坐标不是必须的。只是，这种坐标可更加直观地表达钻石的品质，并对分级证书起装饰作用。

14. 签名和日期

签名一定要由分级师书写。一般来说，证书要有两位以上分级师的签署，未经签署的证书是无效的。此外，签发的日期亦不可疏漏。

15. 鉴定机构或鉴定人的地址

由于钻石分级证书流传很广，并可转给第三者，如果没有地址，持有证书的大众，很可能无法与鉴定机构取得联系，以验证证书的真实性，并可被理解为是为了逃避应负责任的故意行为。为了维护证书的严肃性和信誉，增强持证者的信心，证书上还应该公布能与鉴定机构快捷联系的通信地址，如电话、传真、电子信箱等。

16. 声明

声明与证书中其他的栏目不同，是鉴定者提醒证书接受者，以免证书的真实意义受到曲解，防止证书被泛用和误用。声明的内容依不同的鉴定机构而不同，例如，本证书主要依据《钻石分级》国家标准（GB/T 16554—2010）。所评价钻石的品质，至少由两位具备当前钻石分级理论和技术的鉴定师独立鉴定。本证书不涉及物品的货币价值，并只

有经签字后才生效，复印件无效。任何人不得篡改本证书。

证书的此类声明，将起到保护鉴定机构或鉴定师合法权益的作用，是对篡改和其他的不当行为的有效预防措施。另一方面，对接受证书的一方也要注意证书的声明内容，以防备所设的圈套。

根据我国的有关法律，出证机构还必须经过技术监督部门的认证，取得计量认证合格资格，这一内容也要在证书上予以公布。

第二节　国内外权威的钻石鉴定证书

一、国际上权威的钻石鉴定证书

国际上权威的钻石鉴定证书，大致有以下几种：①国际宝石学院（International Gemological Institute，IGI）——IGI钻石鉴定证书；②美国宝石学院（Gemological Institute of America，GIA）——GIA钻石分级报告；③比利时钻石高层议会（Hoge Raad voor Diamant，HRD）——HRD钻石分级证书；④美国宝石学会实验室（American Gem Society Laboratories，AGS）——AGS钻石分级证书；⑤欧洲宝石实验室（European Gemological Laboratory，EGL）——EGL钻石分级证书；⑥古柏林宝石鉴定所（Gübelin Gem Lab）——钻石鉴定报告等。

1. 国际宝石学院——IGI钻石鉴定证书

国际宝石学院（IGI），1975年，成立于比利时的安特卫普，是世界上最大的独立宝石鉴定实验室和宝石学研究教育机构，在全球各大钻石交易中心和中心城市（纽约、多伦多、迪拜、东京、香港、特拉维夫、洛杉矶、孟买）等，设有15个实验室和教育机构，全球超过96个国家的宝石学人士，接受IGI的宝石学教育以及科研服务。

丰富的经验、高水平的专业能力以及长期可靠的公平、公正的声誉，使得IGI成为珠宝行业参照标准的代名词。作为全球最大的独立实验室，IGI在数十年中研发了在钻石上的激光刻字技术、暗室照片等专利技术，开创并推广了3EX切工评价体系。长期以来一直是全球宝石学的领先者和规范制定者。IGI钻石鉴定证书样本，见图10-1和图10-2。

2. 美国宝石学院——GIA钻石分级报告

美国宝石学院是世界上宝石界的权威机构之一，其证书在国际上颇具知名度和权威性。GIA 钻石等级报告，被认为是世界上最权威的宝石证书之一。各种形状和大小的钻

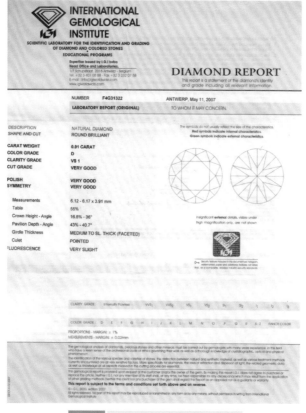

图10-1 IGI钻石鉴定证书样本（一）

INTERNATIONAL
GEMOLOGICAL
INSTITUTE

DIAMOND IDENTIFICATION REPORT

NUMBER	F1M23398 March 23, 2009
DESCRIPTION	NATURAL DIAMOND
SHAPE AND CUT	ROUND BRILLIANT
CARAT WEIGHT	0.40 CARAT
COLOR GRADE	H
CLARITY GRADE	VS 1
CUT GRADE	EXCELLENT
POLISH	VERY GOOD
SYMMETRY	VERY GOOD
Measurements	4.72 - 4.78 x 2.91 mm
Table	58%
Crown Height - Angle	14% - 33.5°
Pavilion Depth - Angle	43.5% - 41°
Girdle Thickness	MEDIUM TO SL. THICK (FAC.)
Culet	MEDIUM
FLUORESCENCE	VERY SLIGHT
COMMENTS	"IDEAL CUT ROUND BRILLIANT"

I.G.I. employs and utilizes those techniques and equipment currently available to I.G.I., including, without limitation, 10X magnification corrected triplet loupe and binocular microscopes, master color comparison diamonds, non-contact-optical measuring device, and such other instruments and/or processes as deemed appropriate by I.G.I. A duly accredited gemologist or jeweler can advise you with respect to the importance of and interrelationship between cut, color, clarity and carat weight.

CLARITY SCALE

FLAWLESS/ INTERNALLY FLAWLESS	VERY VERY SLIGHTLY INCLUDED		VERY SLIGHTLY INCLUDED		SLIGHTLY INCLUDED		INCLUDED		
	VVS₁	VVS₂	VS₁	VS₂	SI₁	SI₂	I₁	I₂	I₃

COLOR SCALE

COLORLESS			NEAR COLORLESS			SLIGHTLY TINTED		VERY LIGHT YELLOW			LIGHT YELLOW					FANCY COLOR
D	E	F	G	H	I	J	K	L	M	N	O	P	Q	R	S	T U V W X Y Z

Security features included in this document are hologram, watermarked paper and additional features not listed, that, as a composite, exceed industry security standards.

See limitations and restrictions on reverse

© I.G.I., 2000, edition 2008

All rights reserved. No part of this report may be reproduced or transmitted in any form or by any means, without permission in writing from International Gemological Institute.

图10-2 IGI钻石鉴定证书样本（二）

石从世界各个角落，送到GIA的宝石实验室进行分级。

　　GIA虽然是非赢利机构，其经费大部分是由美国各大珠宝公司赞助。其证书的出现，符合美国珠宝商的发展利益，同时它也为很多面向大众人群的消费品牌提供鉴定证书。著名的Tiffany品牌，曾大量使用GIA证书。

　　GIA证书强调统一性和标准化。从证书的页面上看，明星的珠宝和街边小店的货品，都统一使用同样的制版和设计。GIA（美国）、GIA（印度）和GIA（香港）的证书，是无法分辨各自不同的出具地点的。因此，可以说GIA满足了现代工业化大部分民众的消费需求。GIA钻石鉴定分级报告样本，见图10-3和图10-4。

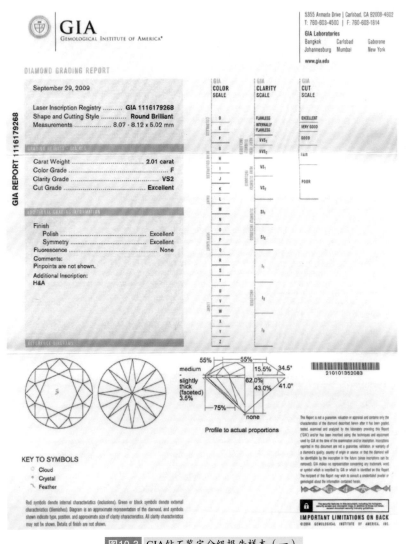

图10-3　GIA钻石鉴定分级报告样本（一）

图10-4 GIA钻石鉴定分级报告样本（二）

3. 比利时钻石高层议会——HRD钻石分级证书

比利时钻石高层议会（HRD），是比利时官方承认的代表着比利时钻石商贸行业的机构，其总部位于世界钻石交易中心——安特卫普。主要是协调比利时钻石业的活动，担当着安特卫普钻石行业的组织者、发言人以及媒体的角色。HRD制定的钻石分级标准与GIA的几乎完全相同。HRD出具的钻石分级证书是质量和权威的保证。在钻石"4C"（即颜色、重量、净度、切工）认证上，HRD给每一颗钻石最高质量的认证和评价，严格保证每颗钻石的唯一性。在钻石切工上，HRD更是不遗余力，将切工升级到了"特优"，这是钻石切工的最高级别。HRD钻石鉴定分级报告样本，见图10-5和图10-6。

4. 美国宝石学会实验室——AGS钻石分级证书

美国宝石学会，成立于1934年，它的创办人是罗伯特·希普利（Robert M. Shipley）。美国宝石学会通过严格的分级标准和提供详细的钻石信息，来指导着钻石行业的发展。初级消费者可以借助简单易懂的数字和方法来理解钻石分级。钻石批发商和加工商，常使用AGS证书提供的详细钻石信息，在世界上购买成批量的钻石。AGS即致力于发展钻石的分级标准，它与其他分级标准最大的区别，就是除了重量（Carat Weight）以外，AGS把钻石的切工（Cut）、颜色（Colour）、净度（Clarity）等级，从最佳的0到最差的10分成11个等级。AGS钻石鉴定分级报告样本，见图10-7和图10-8。

✦HRDAntwerp
Institute of Gemmology

Colour Grading Scale

```
         x
D E F G H I J K L M N·O  P-R  S-Z
```

Clarity Grading Scale

```
                          x
LC  VVS1  VVS2  VS1  VS2  SI1  SI2  P1  P2  P3
```

Cut Grading Scales

Proportions (round brilliants only)

```
      x
EXC   VG   G   F
```

Polish

```
 x
EXC   VG   G   F
```

Symmetry

```
 x
EXC   VG   G   F
```

NBN EN ISO/IEC 17025

The HRD Antwerp Diamond Lab is BELAC accredited for the quality examination of polished diamonds under No. 039-TEST.
This Certificate is conforming to the IDC Rules for grading polished diamonds, approved by WFDB and IDMA and may not be reproduced by any means except in its complete form.

Certificate N° 10011956014

Antwerp, May 25, 2010

Shape	brilliant
Carat (weight)	1.55 ct
Fluorescence	medium
Colour Grade	rare white + (F)
Clarity Grade	SI2
Cut	
Proportions	very good
Polish	excellent
Symmetry	excellent

Technical Information

Measurements	7.36 - 7.41 mm x 4.63 mm
Girdle	medium 3.0 % faceted
Culet	pointed
Total Depth	62.6 %
Table Width	56 %
Crown Height (β)	16.0 % (36.0 deg)
Pavilion Depth (α)	43.0 % (41.1 deg)
Length Halves Crown	55 %
Length Halves Pavilion	75 %
Sum α & β	77.1 deg

Gemmologists

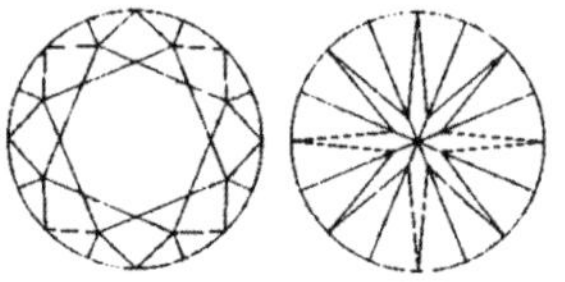

The stone in accordance with the mentioned number has been identified as a natural gem diamond.

Selective characteristics have been indicated in order to clarify the description and/or for further identification. Symbols do not usually reflect the exact shape or size of the characteristic.

图10-5 HRD钻石鉴定分级报告样本（一）

---

clarity grade	colour grade	proportions			
loupe-clean	EW+(D)	very good	X		
vvs1	EW(E) X	good			
vvs2	RW+(F)	unusual			
vs1 X	RW(G)				
vs2	W(H)	**finish grade**			
si1	STW(I)	very good	X		
si2	STW(J)	good			
p1	TW(K)	medium			
p2	TW(L)	poor			
p3	TC				

Report n°	06025093015
Date	6/11/2006
shape	brilliant
weight	0.31 ct
clarity grade	vs1
id marks	
fluorescence	strong
colour grade	exceptional white (E)
measurements	4.38 - 4.44 mm x 2.71 mm
proportions	very good
girdle	medium 3% faceted
culet	pointed
table width	57%
cr height	14.5%
pav. depth	44.0%
finish grade	very good
comments	

Antwerp Certified 06025093015

Authentic · CertiMark
DIAMOND IDENTIFICATION REPORT

图10-6 HRD钻石鉴定分级报告样本（二）

AMERICAN GEM SOCIETY LABORATORIES®

Diamond Quality™ Document

Performance-Based

Round Brilliant
2.126 cts.

AGS 0008638005

June 13, 2007

Shape and Style	Round Brilliant
Measurements:	8.21 - 8.26 x 5.05 mm
Cut Grade	AGS Excellent 1
Color Grade	AGS 0 (D)
Clarity Grade	AGS 5 (SI1)
Carat Weight	2.126 cts.

Comments
Fluorescence: Negligible
Additional clouds are not shown.

IMPORTANT NOTICE:
All three quality factors of Cut, Color, and Clarity can dramatically affect the beauty and value of a diamond. Because of cutting, diamonds with the same color and clarity grades can vary in value by as much as 50% or more. Therefore, it is advisable to consult a Certified Gemologist® or other credentialed gem ologist, before purchasing this Diamond.

THIS DOCUMENT IS NOT A WARRANT", GUARANTEE, OR APPRAISAL OF VA_UE.

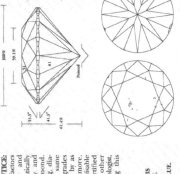

Key to Symbols

Crystal	○ ◡
Feather	︿
Indented Natural	⋀
Natural	⋀
Extra Facet	⋏

PLOT INFORMATION: The Clarity grade is diagrammed using the clarity symbols contained in the *AGS Diamond Standards Manual*. Red marks indicate inclusions; green marks indicate external blemishes.

Cut Scale

0	1	2	3	4	5	6	7	8	9	10
AGS Ideal	AGS Excellent	AGS Very Good	AGS Good		AGS Fair			AGS Poor		
0	0.5	1.5	2.0	2.5	3.0	3.5	4.0	4.5	5.0	5.5	6.0	6.5	7.0	7.5	8.0	8.5	9.0	9.5	10.0

Color Scale

D	E	F	G	H	I	J	K	L	M	N	O	P	Q	R	S	T	U	V	W	X	Y	Z	To	To
COLORLESS			NEAR COLORLESS				FAINT			VERY LIGHT				LIGHT								Fancy Yellow	Fancy Yellow
0			1				3			5				7				9				10

Clarity Scale

FLAWLESS / IF	VVS1	VVS2	VS1	VS2	SI1	SI2	I1	I2	I3
0	1	2	3	5	5	7	9		10

NOTICE: Important Limitations On Reverse

ORIGINAL

GEMOLOGICAL **AGS**® LABORATORIES™

Setting

the

Highest

Standard

for

Diamond

Grading™

图10-7 AGS钻石鉴定分级报告样本（一）

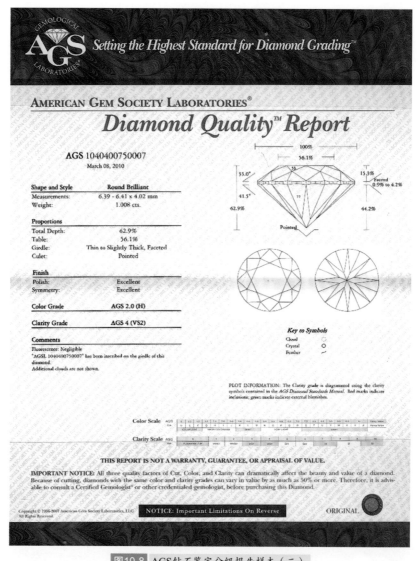

图10-8 AGS钻石鉴定分级报告样本（二）

5. 欧洲宝石实验室——EGL钻石分级证书

欧洲宝石实验室（EGL）成立于1974年，在比利时安特卫普开设了第一家鉴定中心，以协助消费者购买钻石及贵宝石为使命。EGL的客户以专业的批发商、零售店及切割工厂为主，也提供鉴定及教学的服务。EGL发出的证书足以提供该钻石所有的信息，包括了钻石的重量、颜色、净度、切工，包括抛光、对称性等物理性质。拥有这些数据，消费者就可以认识到钻石的真正价值。EGL不从事钻石及宝石的贸易，也不评价钻石的价值。

　　EGL采用最先进的工具和技术，显示钻石的真实数据。EGL的鉴定证书，在世界范围具有一定的专业地位和知名度。它签署的鉴定证书，足以提供该钻石所有的信息，以供业界及消费者参考。2008年，EGL在香港成立了独立第三方钻石鉴定实验室（EGL Asia），为亚洲钻石客户提供更安全、快捷的钻石鉴定服务。EGL钻石鉴定分级报告样本，见图10-9和图10-10。

DIAMOND CERTIFICATE
REPORT ISSUED BY: E.G.L.
EUROPEAN GEMOLOGICAL LABORATORY.™

Independent Educational organization
Institute for certification of diamonds and precious stones.

NOTE: This document contains security features to prevent unauthorized duplication.

Laboratory Report
Certificate No : EGL3003414924

This examination has been scientifically carried out by a Graduate Gemologist using the current procedures of E.G.L. and may be repeated at any time.

Date: April 08, 2010

WEIGHT: 4.36 Cts.

ISO 9001-2008 / -IQNet-
CLARITY REPRESENTATION

Shape and Cut: Round Brilliant
Measurements: 10.39 - 10.36 x 6.45 mm.

Internal characteristics shown in red. External characteristics and naturals shown in green. Extra facets shown in black. Symbols indicate nature and location of identified characteristics, not their actual size. Hairline feathers in girdle, minor bearding, and minor details of polish and finish not shown.

PROPORTIONS **Cut Grade: Excellent**
Total Depth: 62.2 %
Table Width: 58 %
Crown Height: 15 %
Pavilion Depth: 43 %
Girdle Thickness: Medium, Faceted

Natural Diamond : Type IaAB

FINISH
Polish: Very Good
Symmetry: Excellent
Culet: None

CLARITY GRADE: * SI1

Graining: Nil

COLOR GRADE: ** J

* CONFLICT FREE DIAMOND *

Fluorescence: Very Slight Blue

E.G.L. European Gemological Laboratory

Comments:
- 8 HEARTS & 8 ARROWS - This Diamond was polished utilizing superior precision & craftsmanship, its exquisite proportions generate the appearance of 8 Hearts & 8 Arrows, when viewed at the correct angle & under the proper lighting conditions.
- "Excellent Ideal Cut".

- ONLINE VERIFICATION SERVICE AT: www.eglinternational.org

* Clarity grade based on 10 X magnification with corrected loupe.
** Color based on master color diamonds comparison.

The laboratory does not and may not appraise stones which are submitted for inspection.

ORIGINAL This report is supplied upon request of the customer and is issued for his exclusive use. The report expresses an opinion as to the nature of the stone. It is not a guarantee, a valuation or an appraisal of any kind.- E.G.L. has made no representation or warranty regarding this report or the diamond described. Since diamond grading is not an exact science this report represents only the best professional opinion of this company. E.G.L. is in no case responsible for differences which could occur by repeated expertise and/or use of other standards, norms, methods or criteria other than those chosen by E.G.L.

图10-9 EGL钻石鉴定分级报告样本（一）

图10-10 EGL钻石鉴定分级报告样本（二）

6. 古柏林宝石鉴定所——钻石鉴定报告

古柏林宝石鉴定所总部位于瑞士，成立于19世纪初，是一家主要从事高档珠宝业务的公司。自20世纪20年代，Gübelin公司认识到鉴定镶嵌在珠宝首饰上的宝石的重要性。凭着其优良卓越的标准，孜孜以求地献身于宝石学的科研工作，不久便获得国际的尊崇及认可，在国际珠宝首饰业界享有盛誉。鉴定所只从事分析及研究宝石的科学特性，不参与任何的宝石和珠宝贸易活动，其宗旨是致力促进珠宝首饰业的可持续发展，鉴定所出具钻石、宝石和珍珠的鉴定报告。其鉴定证书在世界珠宝首饰业界具有极高的声誉。

古柏林宝石鉴定所的钻石鉴定报告，采用GIA的钻石分级体系。出具的钻石鉴定报告，包括钻石报告（图10-11）和钻石类型注释页（图10-12），每份钻石报告均附有1份注释页，确定钻石的类型。

Diamond Report

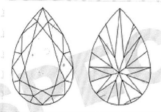

No.	SPECIMEN007
Date	06 June 2011
Weight	2.23 ct
Shape	pear-shape
Cut	brilliant cut
Measurements	11.68 x 7.19 x 4.35 mm
Depth	60.5 %
Table	60 %
Girdle	thin to very thick, faceted
Culet	none
Polish	good
Symmetry	good
Clarity Grade	VS 2
Colour Grade	D
Fluorescence	none

Important notes and limitations on the reverse.

Sonia Cherchi , M.Sc., FGA   Pierre Hardy , B.Sc.

Gübelin Gem Lab Ltd. · www.gubelingemlab.ch
Maihofstrasse 102 · 6006 Lucerne · Switzerland · Tel : +41 41 429 1717 · Fax +41 41 429 1734 · info@gubelingemlab.ch
Room 1005, 10/F · Aon China Building · 29 Queen's Road · Central · Hong Kong · Tel +852 2866 2781 · Fax +852 2866 2761 · hk@gubelingemlab.ch

图10-11 古柏林钻石鉴定报告样本

Note

to Diamond Report No.SPECIMEN007

Diamonds are classified into two fundamental groups based on the relative presence or absence of nitrogen incorporated into the crystal structure, as determined by the infrared spectrum. Type I diamonds contain appreciable concentrations of nitrogen, whereas type II diamonds are chemically very pure and do not reveal infrared absorption characteristics related to nitrogen.

A further separation of these two groups includes type Ia (nitrogen atoms present in pairs or groups), type Ib (isolated nitrogen atoms), type IIa (no measurable traces of nitrogen) and type IIb (traces of boron).

Based on its infrared spectrum, the 2.23 ct diamond described in Diamond Report No. SPECIMEN007 is classified as a **type IIa**.

Gübelin Gem Lab

Sonia Cherchi, M.Sc., FGA   Pierre Hardy, B.Sc.

Lucerne, 06 June 2011

Gübelin Gem Lab Ltd. · www.gubelingemlab.ch
Maihofstrasse 102 · 6006 Lucerne · Switzerland · Tel. +41 41 429 1717 · Fax +41 41 429 1734 · info@gubelingemlab.ch
Room 1005, 10/F · Aon China Building · 29 Queen's Road · Central · Hong Kong · Tel. +852 2868 0781 · Fax +852 2868 0701 · hk@gubelingemlab.ch

图10-12 古柏林钻石类型注释页样本

二、中国最具权威的钻石鉴定证书

中国最具权威的钻石鉴定证书，首推国家珠宝玉石质量监督检验中心签署的钻石鉴定分级证书。

国家珠宝玉石质量监督检验中心（National Gemstone Testing Centre，简称NGTC），是由国家有关主管部门依法授权的国家级珠宝玉石专业质检机构，也是中国珠宝玉石检测方面最具权威的机构。使用的钻石分级体系也沿用国际惯例。该机构在北京、上海、广州和深圳设有多个检测中心。

NGTC面向社会提供委托检验服务，承担国家的市场监督检验、仲裁检验、进出口商品检验，制定、修订相关的国家标准等多项任务。在规范国内珠宝首饰市场，促进珠宝首饰行业健康发展方面起着指导作用。NGTC钻石分级证书样本和NGTC镶嵌钻石分级证书样本，见图10-13和图10-14。

图10-13

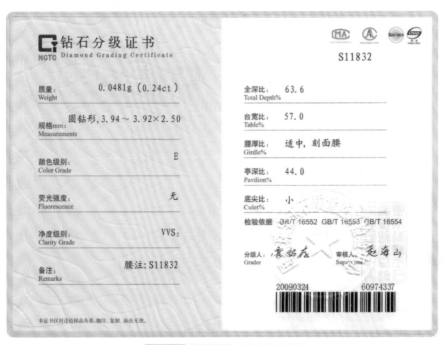

图10-13 NGTC钻石分级证书样本

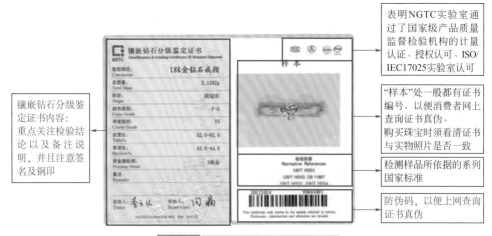

图10-14 NGTC镶嵌钻石分级证书样本

　　此外，国内的一些珠宝首饰鉴定机构，经过国家有关质量技术监督部门的计量认证和授权，经中国实验室国家认可委员会认可，中国国家论证认可监督管理委员会论证等，这些鉴定机构出具的证书上，都会印有其认证标志和检测单位的印鉴。这些钻石鉴定证书，均具有法律效力。

[1] 潘兆橹主编. 结晶学及矿物学（上册、下册）[M]. 北京：地质出版社，1993.

[2] 王雅玫，何斌等编著. 钻石[M]. 武汉：中国地质大学出版社，1997.

[3] 袁心强著. 钻石分级的原理与方法[M]. 武汉：中国地质大学出版社，1998.

[4] 周祖翼，曾春光，廖宗庭. 钻石与钻石鉴赏[M]. 上海：东方出版中心，2001.

[5] 陈钟惠译. 钻石证书教程[M]. 武汉：中国地质大学出版社，2001.

[6] 林小玲著. 钻石鉴赏大全[M]. 广州：广州出版社，2005.

[7] 郭守国，王以群主编. 宝玉石学[M]. 上海：学林出版社，2005.

[8] 张蓓莉主编. 系统宝石学[M]. 北京：地质出版社，2006.

[9] [美]马修·哈特著. 唐怡，李景屏译. 钻石的历史[M]. 北京：中信出版社，2006.

[10] 杜广鹏，陈征，奚波编著. 钻石及钻石分级[M]. 武汉：中国地质大学出版社，2007.

[11] 王昶，申柯娅编著. 珠宝首饰的质量与价值评估[M]. 武汉：中国地质大学出版社，2011.

[12] 申柯娅，王昶，袁军平著. 珠宝首饰鉴定[M]. 北京：化学工业出版社，2009.

[13] 中华人民共和国家质量监督检验检疫总局，中国国家标准化管理委员会发布. 中华人民共和国国家标准——钻石分级GB/T16554—2010[S]. 北京：中国标准出版社，2010.

[14] 周汉利编著. 宝石琢型设计及加工工艺学[M]. 武汉：中国地质大学出版社，2007.

[15] 李娅莉，薛秦芳，李立平等编著. 宝石学教程（第二版）[M]. 武汉：中国地质大学出版社，2011.

[16] 亓利剑，唐左军. 辽宁金刚石中包裹体标型特征及意义[J]. 宝石和宝石学杂志，1999，1（3）：27-33.

[17] 亓利剑，袁心强. 查塔姆合成无色钻石[J]. 宝石和宝石学杂志，1999，1（4）：7-10.

[18] 亓利剑，袁心强等. 高压高温处理条件下钻石中晶格缺陷的演化与呈色[J]. 宝石和宝石学杂志，2001，3（3）：1-7.

[19] 杜广鹏，沈炜. 钻石的晶体形貌特征研究[J]. 中国宝石，2006（4）：182-184.

[20] 彭明生，杨志军. 高温高压处理改色的黄绿色金刚石[J]. 宝石和宝石学杂志，2002，4（2）：29-30.

[21] 宋中华，兰延，沈美冬等. NGTC实验室发现未揭示的CVD合成钻石鉴定特征研究[J]. 宝石和宝石学杂志，2012，14（4）：30-34.

[22] 吕晓敏，张玉冰，兰延等. CVD合成钻石的层状生长结构和紫外荧光特征[J]. 宝石和宝石学杂志，2013，15（3）：30-35.

[23] 沈才卿. 话说化学气相沉淀法（也称CVD法）合成钻石[J]. 超硬材料工程，2012，24（6）：52-55.

[24] 买潇，陈美华，陈征. 钻石高温高压处理技术[J]. 宝石和宝石学杂志，2004，6（4）：22-24.

[25] 陆太进. 钻石鉴定和研究的进展[J]. 宝石和宝石学杂志，2010，12（4）：1-5.

[26] 曹百慧，陈美华，胡葳等. 合成钻石处理成红色钻石的机制及其特征[J]. 宝石和宝石学杂志，

2014，16（3）：24-31.

［27］ 涂彩，汤红云，陆晓颖. DiamondView™ 在宝石检测中的应用[J]. 上海计量测试，2014，（3）：16-17.

［28］ Chalain J-P. Fritsch E. and Hänni H. A. Ketection of GE POL diamonds：a first stage [J]. Revue de Gemmologie AFG，2010，138/139，30-33.

［29］ Chalain J-P. Fritsch E. and Hänni H. A. Identification of GE POL diamonds：a second step [J]. Journal of Gemmology，2000，27（2）：73-78.

［30］ Weerdt F. De and Van Royen J. Investigation of seven diamonds，HPHT treated by Nova Diamond [J]. Journal of Gemmology，2000，27（4）：201-208.

［31］ David Fisher and Raymond A. Spits. Spectroscopic Evidence of GE POL HPHT-Treated Natural Type II_a Diamonds[J]. Gems & Gemology，2013，36（1）：42-49.

［32］ Verena Pagel-Theisen. Diamond Grading ABC：The Manual [M]. 9th Edition，Rubin & Son，Antwerp，Belgium，2001.